Razieh Fattahi

Notas sobre a espécie Trachylepis Vittata (Olivier, 1804) no Irão Ocidental

Razieh Fattahi

Notas sobre a espécie Trachylepis Vittata (Olivier, 1804) no Irão Ocidental

Dimorfismo Sexual, Distribuição, Osteologia Craniana

ScienciaScripts

Imprint

Any brand names and product names mentioned in this book are subject to trademark, brand or patent protection and are trademarks or registered trademarks of their respective holders. The use of brand names, product names, common names, trade names, product descriptions etc. even without a particular marking in this work is in no way to be construed to mean that such names may be regarded as unrestricted in respect of trademark and brand protection legislation and could thus be used by anyone.

Cover image: www.ingimage.com

This book is a translation from the original published under ISBN 978-3-659-58429-9.

Publisher:
Sciencia Scripts
is a trademark of
Dodo Books Indian Ocean Ltd. and OmniScriptum S.R.L publishing group

120 High Road, East Finchley, London, N2 9ED, United Kingdom
Str. Armeneasca 28/1, office 1, Chisinau MD-2012, Republic of Moldova, Europe
Printed at: see last page
ISBN: 978-620-8-05310-9

Índice

Agradecimentos 2

CAPÍTULO 1 3

CAPÍTULO 2 39

CAPÍTULO 3 55

CAPÍTULO 4 65

Referências 93

Agradecimentos

Gostaria de expressar os meus agradecimentos à minha família, especialmente ao meu pai e à minha mãe, que sempre encorajaram o meu projeto ímpar ao longo da minha vida e testemunharam pacientemente as várias fases da minha educação.

Agradeço profundamente ao meu supervisor, *Dr. Nasrullah Rastegar- pouyani*, pela sua supervisão, encorajamento, orientação construtiva, excelentes sugestões e avaliação crítica em várias fases importantes do trabalho.

Estou também em dívida para com os meus amigos muito amáveis que têm estado sempre comigo e em todo o lado, para com todos os estudantes de mestrado e de licenciatura dos departamentos de Biologia da Universidade Razi, Kermanshah.

Gostaria de agradecer às autoridades da Universidade Razi (Kermanshah - Irão) pela sua ajuda incondicional durante o trabalho de campo no planalto iraniano ocidental.

CAPÍTULO 1

Introdução à origem dos répteis, apresenta as famílias de lagartos com especial referência à família Scincidae e ao género *Mabuya* (sensu lato)

Origem e radiação adaptativa dos grupos de répteis

Os amniotas são um grupo monofilético que evoluiu no final do Paleozoico. A maioria dos paleontólogos concorda que os amniotas surgiram a partir de um grupo de tetrápodes semelhantes a anfíbios, os antracossauros, durante o início do período Carbonífero do Paleozoico. No final do Carbonífero (há cerca de 300 milhões de anos), os amniotas tinham-se separado em três linhagens. A primeira linhagem, a dos anapsídeos, é caracterizada por um crânio sem abertura temporal atrás das órbitas, sendo o crânio atrás das órbitas completamente coberto por osso dérmico. Este grupo é atualmente representado apenas pelas tartarugas. A segunda linhagem, os diapsídeos, deu origem a todos os outros grupos de répteis e às aves. O crânio dos diapsídeos era caracterizado pela presença de duas aberturas temporais: um par localizado na parte inferior das bochechas e um segundo par posicionado acima do par inferior e separado deles por um arco ósseo. Surgiram três subgrupos de diapsídeos. Os lepidossauros incluem os ictiossauros marinhos extintos e todos os répteis modernos, exceto as tartarugas e os crocodilianos. Os arcossauros, mais derivados, incluíam os dinossauros e os seus parentes, bem como os crocodilianos e as aves vivas. Um terceiro subgrupo, mais pequeno, os sauropterígeos, incluía vários grupos aquáticos extintos, dos quais os mais conspícuos eram os grandes plesiossauros de pescoço comprido. A terceira linhagem era a dos sinapsídeos, os répteis semelhantes aos mamíferos. O crânio dos sinapsídeos tinha um único par de aberturas temporais localizadas na parte inferior das bochechas e delimitadas por um arco ósseo. Os sinapsídeos foram o primeiro grupo de amniotas a diversificar-se, dando origem primeiro aos pelicossauros, mais tarde aos terapsídeos e, finalmente, aos mamíferos. Os répteis diapsídeos são classificados em três linhagens. As duas com representantes vivos são a superordem Lepidosauria, que contém lagartos, cobras, lagartixas e *Sphenodon;* e a superordem Archosauria, que contém os crocodilianos.

Ordem Squamata: Lagartos, cobras e lagartos-vermes

Os escamados são os produtos mais recentes e diversificados da evolução dos diapsídeos, compreendendo aproximadamente 95% de todos os répteis vivos conhecidos. Os lagartos apareceram no registo fóssil já no Permiano, mas não começaram a sua radiação até ao período Cretáceo da era mesozóica, quando os dinossauros estavam no clímax da sua radiação. As serpentes apareceram durante o final do período Cretáceo, provavelmente a partir de um grupo de lagartos cujos descendentes incluem o monstro de Gila e os lagartos-monitores. Duas especializações em particular caracterizam as cobras: o alongamento extremo do corpo e a consequente deslocação e reorganização dos órgãos internos; e especializações para comer presas grandes. Os anfisbenas (lagartos vermes), que aparecem pela primeira vez no registo fóssil do início da era Cenozóica, têm especializações estruturais associadas a um hábito de escavação. Os lagartos (subordem Lacertilia) são um grupo diversificado e bem sucedido, adaptado para andar, correr, trepar, nadar e escavar. Distinguem-se das cobras pelo facto de possuírem dois pares de patas (algumas espécies não têm patas), metades do maxilar inferior unidas, pálpebras móveis, orelhas externas e ausência de presas. Muitos lagartos estão bem adaptados à sobrevivência em condições desérticas quentes e áridas.

Subordem Sauria: Lagartos

Os lagartos são um grupo extremamente diversificado, incluindo membros terrestres, escavadores, aquáticos, arborícolas e aéreos. A maioria dos lagartos tem pálpebras móveis, enquanto os olhos das cobras estão permanentemente cobertos por uma tampa transparente. Os lagartos têm uma visão aguçada para a luz do dia, embora um grupo, as osgas nocturnas, tenha retinas compostas inteiramente por bastonetes. A maioria dos lagartos tem um ouvido externo que as cobras não têm. O ouvido interno dos lagartos tem uma estrutura variável, mas, tal como acontece com outros répteis, a audição não desempenha um papel importante na vida da maioria dos lagartos. As osgas são excepções, porque os machos são muito vocais (para anunciar o território e desencorajar a aproximação de outros machos) e têm, naturalmente, de ouvir as suas próprias vocalizações. Outras espécies de lagartos vocalizam em comportamento defensivo. Muitos lagartos vivem nas regiões quentes e áridas do mundo. Como a sua pele não tem glândulas, a perda de água por esta via é muito reduzida. Produzem uma urina semi-sólida com um elevado teor de ácido úrico cristalino. Este é um excelente mecanismo de conservação de água e encontra-se noutros grupos que vivem com sucesso em habitats áridos (aves, insectos e caracóis pulmonados). Alguns, como o monstro de Gila dos desertos do sudoeste dos Estados Unidos, armazenam gordura nas suas caudas, que utilizam durante a seca para fornecer energia e água metabólica. O monstro de Gila e o seu parente próximo, o lagarto barbudo, são os únicos lagartos capazes de dar uma dentada venenosa (Hickman et al, 2001).

Classificação da subordem Sauria no Irão

A subordem Lacertilia contém seis infraordens, uma das quais é Scincomorpha (Uetz, P. 2007). A infraordem Scincomorpha contém 8 famílias no Irão: Família Agamidae, Família Gekkonidae, Família Anguidae, Família Lacertidae, Família Scincidae, Família Varanidae, Família Eublepharidae, Família Uromastycidae.

Definição e descrição geral da família dos lagartos no Irão
Família Agamidae

Caraterísticas. Os agamídeos são lagartos de pequeno a grande porte (45-350 cm de CRC adulto), cobertos dorsal e ventralmente por escamas sobrepostas ou escamas granulosas e justapostas. Não ocorrem osteodermes dorsal ou ventralmente no tronco. Todas as espécies têm membros e a cintura peitoral apresenta interclavículas em forma de T ou cruciformes e clavículas curvas em forma de bastonete. A cauda é geralmente longa a moderadamente longa (de pouco menos de 1,4 vezes o comprimento sural) e não apresenta planos de fratura nas vértebras caudais (exceto em alguns *Uromastyx*). A língua é coberta dorsalmente por papilas reticulares e não possui escamas linguais; a língua anterior não é retrátil. O crânio possui pares de nasais, postorbitais e escamosais, e um frontal e um parietal; um forame parietal geralmente perfura a sutura frontoparietal. A fixação da dentição marginal é acrodonte, e o pterigoide não possui dentes.

Família Gekkonidae

Caraterísticas. As osgas são lagartos de pequeno porte (16-18 mm de PV adulto, *Sphaerodactylus parthenopion*) a grande porte (370 mm de PV, *Hoplodactylus delcourti*). A maioria das espécies está coberta dorsal e ventralmente por escamas pequenas e granulares, ocasionalmente intercaladas por tubérculos. Não existem osteodermes dorsais no tronco; existem ventrais nalgumas osgas. A maioria das espécies tem membros distintos; estes taxa têm uma cintura peitoral com uma interclavícula em forma de T ou cruciforme e clavículas angulares. A cauda é geralmente moderadamente curta a longa (dois terços a um pouco mais comprida do que o comprimento da cauda). A autotomia caudal é comum e ocorre um plano de fratura posterior aos processos transversos de cada vértebra caudal. A língua é coberta dorsalmente por papilas em forma de cavilha e não possui escamas linguais; a língua anterior não é retrátil. O crânio possui nasais emparelhadas e frontais e parietais simples ou emparelhadas; os escamosos estão presentes ou ausentes; e os pós-orbitais e um forame parietal estão ausentes. A fixação da dentição marginal é pleurodonte, e o pterigoide não possui dentes.

Família Lacertidae

Caraterísticas. Os lacertídeos são lagartos de pequeno a grande porte, variando de 40 a 260 mm de comprimento de corpo adulto. A escamação do corpo é variável. As escamas dorsais e laterais do corpo variam entre escamas grandes, sobrepostas, lisas ou em quilha, e escamas pequenas e granulares; as escamas ventrais rectangulares estão justapostas ou sobrepostas. Não ocorrem osteodermes dorsais ou ventrais no tronco. Todas as espécies têm membros; a cintura peitoral tem interclavículas cruciformes e clavículas angulares. A cauda é autotómica, geralmente longa, e é mais de duas vezes mais comprida do que o comprimento do tronco em *Takydromus*. Cada vértebra caudal tem um plano de fratura anterior aos processos transversos. A língua apresenta papilas filamentosas e escamas linguais, dispostas em filas alternadas dorsalmente. Os bordos posteriores das escamas linguais são lisos e a língua anterior não é retrátil. O crânio possui pares de nasais, pós-orbitais, escamosais e, na maioria das vezes, um parietal e um frontal; o forame parietal está ausente. A fixação da dentição marginal é pleurodonte, e os dentes pterigóides estão presentes ou ausentes.

Família Anguidae

Caraterísticas. Os anguídeos são lagartos pequenos (55-70 mm de PV adulto, 1,4 m de LT máxima, *Ophisaurus apodus)* com ou sem membros. Todos são fortemente armados com escamas que não se sobrepõem. Os osteodermos sublinham estas escamas dorsal e ventralmente no tronco, e um sulco ou prega ventrolateral longitudinal separa esta armadura de escamas dorsal e ventral em alguns taxa. A dobra permite a expansão do corpo para a respiração, alimentação e reprodução, mas mantém o efeito de escudo da armadura de escamas. A forma do corpo varia de membros fortes a ausência de membros externos; nos taxa com membros fortemente reduzidos, as interclavículas estão ausentes ou são cruciformes; as clavículas são angulares. As caudas são curtas a muito longas. A autotomia caudal é comum mas não universal nos anguídeos; as vértebras caudais autotómicas têm um plano de fratura anterior aos processos transversos. A língua apresenta papilas filamentosas e não possui escamas linguais. A língua anterior retrai-se para dentro da língua posterior. O crânio possui nasais e pós-orbitais emparelhadas, escamosas emparelhadas presentes ou ausentes, frontais simples ou emparelhadas e perfura o parietal. A fixação da dentição marginal é pleurodonte, e os dentes pterigóides estão presentes ou ausentes.

Família Varanidae

Caraterísticas. Os varanídeos são geralmente lagartos de grande porte. Têm uma pele espessa com numerosas filas de escamas pequenas e arredondadas que circundam o corpo; as escamas ventrais são ligeiramente maiores. Dorsalmente, o tronco não tem osteodermes; ventralmente, pequenos osteodermes não articulados estão presentes em alguns taxa. Os monitores têm membros bem desenvolvidos; a cintura peitoral tem interclavículas em forma de T ou cruciformes e clavículas angulares. A cauda é longa a muito longa e carece de autotomia caudal. A língua apresenta papilas filamentosas e não possui escamas linguais. A língua anterior retrai-se para a língua posterior. O crânio possui pares de frontais e escamosos, sem pós-orbitais, e um nasal e um parietal. Um forame parietal está geralmente presente e perfura o parietal. A fixação da dentição marginal é pleurodonte, e os dentes pterigóides estão presentes ou ausentes (Zug et al, 2001).

Família Eublepharidae

Caraterísticas. Os eublefarídeos são um subgrupo monofilético dos Gekkota com base em estados de caracteres derivados: contacto medial dos pares frontais, secção anterior larga dos ossos nasais e extremidade dorsal da clavícula não projectada acima da extremidade dorsal do escapulocoracóide (Anderson, 1999). São osgas de tamanho moderado a grande, variando entre 45 e 155 mm de comprimento do corpo no adulto. O corpo não é alongado nem semelhante a uma cobra; os membros anteriores e posteriores são bem desenvolvidos. São osgas terrestres com dígitos estreitos e todas são insectívoras nocturnas. A pele é macia, com numerosas escamas pequenas e justapostas. O crânio tem premaxilares emparelhados, um único parietal e um estribo perfurado por um ramo da artéria facial. O olho não possui uma cobertura para óculos e geralmente contém 20 ou mais ossículos escleróticos. O meato auditivo tem um músculo semicircular de fecho e a membrana tectorial é uniforme (Zug et al, 2001).

Família Uromastycidae

Caraterísticas. Moody (1980) recomendou o reconhecimento da família Uromastycidae, englobando os géneros *Uromastyx* e *Leiolepis*. No seu estudo subsequente de Uromastyx (Moody, 1987), afirmou que *Uromastyx* e *Leiolepis* formam um grupo monofilético que é um grupo irmão de todos os outros géneros de agamídeos. Os lagartos de cauda espinhosa têm o corpo deprimido, sem crista; escamas dorsais pequenas, uniformes ou misturadas com outras maiores; sem saco gular. Cauda curta, deprimida, coberta por espirais de escamas espinhosas (Anderson, 1999).

Família Scincidae

Caraterísticas. Os escincídeos (skinks), um grupo monofilético de famílias cujos membros tendem a ser alongados e têm crânios relativamente longos e algo achatados, nos quais a abertura temporal superior é geralmente reduzida ou perdida. A cabeça é geralmente coberta por placas alargadas, denominadas escudos cranianos, e estão frequentemente presentes osteodermes em algumas ou todas as escamas. Os escincídeos são lagartos ligeiramente a acentuadamente alongados, com membros moderados a curtos e escamas ciclóides brilhantes, reforçadas por osteodermes compostos caraterísticos. O palato secundário, parcialmente ou bem desenvolvido, é uma caraterística distintiva do crânio. É formado principalmente pelo desenvolvimento de uma nova lâmina do osso palatino de cada lado, que em conjunto essencialmente pavimenta e prolonga a passagem coanal. Nalgumas espécies, os ramos palatinos dos pterigóides prolongam o palato secundário posteriormente até ao nível do dorso da língua. Outras caraterísticas osteológicas incluem pré-maxilas emparelhadas, processos descendentes dos parietais que se encontram com os epipterigóides e um processo coronoide labial alargado do dentário. O ouvido interno tem um corpo inercial acessório, o cólmen, que modula a sensibilidade das células ciliadas e substitui em grande parte a membrana tectorial, que é vestigial nos calangos. Os poros pré-anais e femorais estão ausentes. A cauda é geralmente longa e afunilada e, com exceção de muito poucas espécies, pode ser eliminada e regenerada. A língua é larga, tem uma ponta em forma de seta e é coberta por escamas serrilhadas. Muitas espécies têm membros reduzidos, por vezes acompanhados de uma perda de dígitos; nove espécies australianas são completamente desprovidas de membros. As doninhas são tipicamente diurnas, terrestres e activas à superfície do solo ou em poleiros baixos; um número significativo de espécies é secreta ou fossorial, realizando a maior parte das suas actividades na folhagem ou no subsolo. Algumas espécies são trepadoras, vivendo em árvores ou em rochas. Os esquilos encontram-se em todos os ecossistemas terrestres, desde florestas tropicais a dunas de areia do deserto e habitats alpinos. Algumas são semiaquáticas, capazes de nadar e de se esconder debaixo de água para escapar aos predadores, e algumas espécies habitam a zona intertidal, em costas rochosas, praias ou mangais (Hutchinson, 1993).

Morfologia e fisiologia da família Scincidae

Parede do corpo

O tamanho das escamas dos esquilos é relativamente grande, com geralmente menos de 40 filas longitudinais de escamas corporais. Todas as escamas são suportadas por osteodermes compostos, sendo que as da cabeça, especialmente as frontais, interparietais e parietais, se fundem frequentemente com os ossos subjacentes do crânio durante a ontogenia pós-embrionária. O número de filas longitudinais de escamas ao longo do corpo está, em certa medida, correlacionado com o modo de vida. As espécies de membros reduzidos e as espécies que vivem na folhada ou em ervas tendem a ter relativamente poucas filas (menos de 28) de escamas relativamente grandes, enquanto as espécies trepadoras, especialmente as que vivem nas rochas, têm um maior número (frequentemente 34 ou mais filas) de escamas pequenas. Este facto pode favorecer, respetivamente, a "blindagem" das espécies que vivem em tocas/campos e a suavidade e flexibilidade da pele, facilitando a entrada em fendas, nas espécies trepadoras. Macroscopicamente, as superfícies das escamas dos esquilos são geralmente lisas, muitas vezes com uma superfície mate dorsalmente, mas polidas e altamente brilhantes lateral e ventralmente (e dorsalmente nos taxa criptozóicos). Nalguns táxones, estão presentes quilhas ou estrias, muitas vezes desenvolvidas de forma variável em espécies congéneres. Um estudo sobre a micro-ornamentação das escamas dos lagartos, realizado por Renous & Gasc (1989), incluiu uma série de lagartos e mostrou que a ornamentação varia em função do grau de contacto entre uma região da superfície do corpo e o substrato. A micro-ornamentação da pele tem sido usada em alguns répteis como um carácter filogeneticamente informativo, mas ainda não foi usada nos calangos. Tal como noutros escamados, os esquimós perdem periodicamente uma camada epidérmica externa completa. A camada epidérmica externa é excretada em várias partes grandes e não forma um "fantasma" coerente, como acontece nas cobras e nos lagartos gekkotan. O revestimento da parede do corpo é distintamente pigmentado de uma forma que reflecte os hábitos e o modo de termorregulação. Os ratos diurnos, activos à superfície, apresentam um revestimento preto nas cavidades cranianas e corporais, mas este revestimento está ausente nas espécies nocturnas ou fossoriais. A coloração negra foi explicada por Porter (1967) como constituindo um escudo interno que bloqueia as radiações ultravioletas de alta energia, capazes de penetrar na pele dos lagartos e de causar danos nos tecidos.

Locomoção

A maioria dos esquilos tem membros bem desenvolvidos e são hábeis a correr. A velocidade depende em grande medida do comprimento dos membros em espécies com proporções normais, mas a cauda e a sinuosidade do corpo tornam-se significativas em espécies com membros reduzidos. A perda da cauda pode permitir que as espécies com membros normais corram ainda mais depressa, mas é suscetível de impedir a locomoção nas espécies com membros reduzidos e sabe-se que diminui consideravelmente a velocidade de natação. Existe alguma variação na estrutura detalhada dos pés, o que sugere adaptações mecânicas que melhoram a tração em determinadas superfícies. Os lagartos mostram as fases morfológicas desta transformação melhor do que qualquer outro grupo de lagartos. A redução do tamanho dos membros é geralmente acompanhada pela redução do gradiente de tamanho entre os dedos dos pés, muitas vezes com perda de falanges, e é geralmente seguida pela perda digital, começando pelos dedos mais pequenos e mais externos e progredindo medialmente. As espécies com membros reduzidos, mesmo as que têm membros extremamente pequenos e aparentemente quase inúteis, utilizam as patas para se deslocarem, especialmente em superfícies lisas. Na cama ou no solo, estas espécies progridem principalmente através da ondulação do corpo e da cauda, uma vez que a multiplicação das vértebras pré-sacrais observada nestas formas aumenta a flexibilidade da coluna vertebral e o número de ondas que podem ser desenvolvidas ao longo do corpo. Um elemento muscular do corpo, o *m. rectus abdominis lateralis,* é caraterístico dos lagartos (e de outros taxa não incluídos nos Iguania) e pensa-se que ajuda nos movimentos ondulatórios do tronco do lagarto.

Durante a locomoção ondulatória, os membros permanecem dobrados contra os lados do corpo, muitas vezes deitados em sulcos pouco profundos atrás das bases dos membros. Nestas espécies, a cauda tende a não afinar, mantendo-se do mesmo comprimento que o corpo até perto da ponta. Presumivelmente, este facto prolonga a superfície propulsora disponível, uma vez que a musculatura caudal é eficaz mais ao longo da cauda do que seria o caso numa cauda delgada e afilada. Apesar da sua aparente utilidade na locomoção, a cauda de todos os ratos de membros reduzidos é facilmente autotomizada.

Alimentação e sistema digestivo

Considera-se geralmente que as doninhas dependem mais dos sentidos olfactivos do que dos visuais para detetar as presas, mas a maioria das espécies que vivem à superfície também dependem muito da visão, sendo rápidas a detetar presas em movimento. Estudos de espécies de *Ctenotus* e de *Eumeces* americanas que se alimentam ativamente revelam que estas parecem investigar frequentemente potenciais esconderijos de presas, presumivelmente utilizando o olfato para confirmar a sua presença ou ausência. A análise da dieta revela a presença de presas crípticas mais susceptíveis de serem encontradas pelo olfato do que pela visão. Nas espécies que nadam em camas e na areia, a visão pode ser muito menos importante do que o olfato na localização dos alimentos, mas ainda não foram efectuados os estudos adequados. O crânio dos esquimós é tipicamente anfocinético, com articulações flexíveis fronto-parietais, basipterigóides, pterigó-quadradas e escamoso-quadradas e um epipterigóide pivotante. A maioria das espécies também parece ter algum movimento entre o pterigoide e o ectopterigóide (flexipalatilidade). A língua é usada em conjunto com o órgão de Jacobson para localizar e reconhecer alimentos. Ao contrário dos agamídeos, os esquilos não usam a língua para capturar presas, embora ela seja usada para beber. As espécies de *Tiliqua* utilizam a língua para remover pedaços de conchas partidas quando comem caracóis. A dentição varia entre as doninhas, embora as dietas de muito poucas espécies sejam suficientemente conhecidas para permitir uma interpretação funcional de grande parte da variação. A maioria dos esquilos tem dentes cilíndricos com coroas obtusamente pontiagudas ou em forma de cinzel, geralmente com uma crista apical que pode ser realçada por um sulco apical. Os pequenos insectívoros podem ter dentes mais delgados e mais pontiagudos, enquanto as espécies de maiores dimensões tendem a ter dentes mais robustos e mais grossos. Os dados disponíveis sugerem que a disposição dos músculos da mandíbula dos escincídeos é típica dos lagartos em geral. O trato gastrointestinal é simples na maioria das espécies. O estômago é musculado e os intestinos delgado e grosso, relativamente simples e tubulares, terminam numa cloaca. Algumas das espécies omnívoras e herbívoras têm maiores dimensões apresentam modificações significativas, com intestinos posteriores alargados, mas não alongados, aparentemente associadas a uma maior capacidade de digestão da vegetação.

Sistema circulatório

Os lagartos, tal como outros lagartos, utilizam provavelmente o sistema circulatório para ajudar no controlo termorregulador. Hammel, Caldwell & Abrams (1967) mostraram que a temperatura da cabeça em *Tiliqua scincoides* era mais bem controlada do que a temperatura do corpo (cólon) e inferiram a presença de sistemas de controlo sensorial hipotalâmicos. A analogia com outros lagartos sugere que esses sistemas de controlo actuariam para reencaminhar a circulação sanguínea entre os circuitos vasculares periféricos e profundos ou para estabelecer trocas de calor arteriovenosas em contracorrente. O sistema vascular periférico pode ser elaborado até às pontas das escamas. Uma técnica negada aos esquilos é o arrefecimento do sangue no seio suborbital através da respiração ofegante. Os glóbulos vermelhos dos esquilos têm uma forma oval alongada e são nucleados, variando de 14 a 17 mm de comprimento e 9 a 10 mm de diâmetro em *Ctenotus, Egernia* e *Tiliqua*. A investigação baseada em grande parte em *Tiliqua* e na scincina não australiana *Chalcides* mostra que os esquilos têm um sistema imunitário bem desenvolvido. Podem ser obtidas respostas de anticorpos humorais (baseados em imunoglobulinas) a uma variedade de antigénios estranhos, incluindo uma resposta secundária vigorosa após uma imunização inicial. Foram registadas duas classes de anticorpos: um anticorpo pesado 19S e um anticorpo leve 7S (unidade única). Estes seriam análogos, se não homólogos, aos IgM e IgG eutherianos, respetivamente, mas, ao contrário do que acontece nos mamíferos, o anticorpo pesado persiste em alta concentração depois de o anticorpo leve estar a ser produzido. Wetherall & Turner (1972) e Cooper et al. (1985) registaram a presença de tecido linfoide em vários órgãos, incluindo a medula óssea, o baço, o timo e o rim. Os glóbulos brancos de *Tiliqua scincoides* assemelham-se aos dos mamíferos na produção de uma variedade de substâncias químicas, como a prostaglandina PGl2, envolvida em respostas inflamatórias como a vasodilatação e a inibição da agregação plaquetária.

Respiração

Tenney & Tenney (1970) descreveram os pulmões de uma série de répteis e anfíbios, mas não incluíram os esquilos. Em geral, verificaram que a área de superfície pulmonar dos répteis é proporcional à taxa metabólica e que os pulmões dos répteis não são simples sacos, mas apresentam uma compartimentação acentuada. A ventilação dos pulmões é conseguida principalmente por contracções dos músculos intercostais. A ventilação típica dos répteis ocorre em três fases - expiração rápida seguida de inspiração rápida e depois uma pausa com os pulmões insuflados. Greer (1989) analisou a variação dos padrões de ventilação nos esquilos, em que a deslocação da caixa torácica lateralmente na área atrás dos membros anteriores representa a condição primitiva. Nos nadadores de areia, é utilizado um modo respiratório em que a parte ventral da caixa torácica se desloca, causando uma deslocação vertical em vez de lateral. Os ratos sem membros (exceto *Lerista)* expandem e contraem a cavidade torácica simetricamente, o que Greer (1989) designa por respiração circunferencial. Para além dos movimentos torácicos, o músculo liso do próprio pulmão está envolvido na assistência à inspiração e à expiração, sob o controlo de troncos nervosos vago-simpáticos. A respiração aeróbica depende tanto do ritmo da respiração (frequência de ventilação) como da quantidade de ar trocada em cada respiração (volume corrente). Em *E. cunninghami*, a frequência da ventilação é sensível à temperatura e aumenta de 22/min a 30°C para 38/min a 37°C, mas é pouco afetada pelo nível de atividade. As necessidades acrescidas de oxigénio resultantes de níveis de atividade elevados são satisfeitas não através do ajustamento da frequência de ventilação, que aumenta apenas cerca de metade, mas através de um aumento de três a seis vezes do volume corrente durante a atividade. A capacidade de exercício dos lagartos depende tanto da respiração aeróbica como da anaeróbica e, tal como outros lagartos, são menos capazes de manter níveis elevados de atividade do que os mamíferos e as aves. A taxa metabólica normal, medida como consumo de oxigénio, é geralmente bastante baixa nos calangos, em relação a outros lagartos. Os lagartos com membros normalmente desenvolvidos são capazes de rajadas curtas de velocidade até 2 m/s ou mais, mas as espécies com membros curtos são capazes de muito menos (0,5 a 0,7 m/s em *Hemiergis*). *A Egernia cunninghami* pode atingir quase 3 m/seg em rajadas curtas, mas em média consegue manter 0,27 m/seg (1 km/h) durante apenas sete minutos. A respiração anaeróbia tem sido pouco estudada nas doninhas, mas Bennett (1982) referiu que, durante uma atividade extenuante, cerca de metade (49%) da energia produzida pela scincine *Eumeces obsoletus* é fornecida pelo metabolismo anaeróbio.

Excreção

Os rins situam-se posteriormente contra a parede dorsal da cavidade corporal e estendem-se geralmente até à região pélvica. Sabe-se da existência de uma bexiga em pelo menos alguns esquilos. Os resíduos azotados são excretados principalmente sob a forma de ácido úrico, mas também ocorre alguma produção de ureia. Os rins e a bexiga estão ambos envolvidos na troca de iões e na reabsorção de água. A osmorregulação foi objeto de um estudo intensivo em *Tiliqua rugosa*. *Tal* como a maioria dos lagartos, e em contraste com os mamíferos, *a T. rugosa* é capaz de tolerar grandes flutuações na concentração de sódio no plasma, de 152 a 240 mEquiv/l, o que facilita a retenção de fluidos corporais durante períodos de dessecação. Durante esses períodos, estes lagartos parecem ser capazes de desativar completamente a função renal. A glândula salina só se torna ativa quando a temperatura do corpo do lagarto sobe acima dos 30°C. É capaz de responder tanto à carga de sódio como à de potássio, segregando seletivamente o ião em excesso e é uma glândula salina "verdadeira", na medida em que produz uma secreção hiperosmótica.

Órgãos dos sentidos

O cérebro dos esquimós é semelhante, em termos de topologia, ao de outros lagartos. O tamanho relativo do cérebro dos esquimós e de outros escamados foi revisto por Platel (1979), cujos dados indicam que os esquimós têm um cérebro invulgarmente pequeno (baixos índices de encefalização) em comparação com os lagartos em geral. O olho é grande e completamente desenvolvido na maioria dos esquilos, e tem geralmente uma pupila redonda, uma íris distinta, uma pálpebra inferior móvel e uma membrana nictitante. O globo ocular é lubrificado pelas glândulas lacrimal posterior e harderiana, por vezes complementadas por uma glândula lacrimal anterior. O globo ocular é suportado por uma série circunferencial de placas ósseas, os ossículos da esclera, que normalmente são em número de 14. Pouco se sabe sobre a estrutura da retina dos lagartos e não foi feita qualquer demonstração direta da visão cromática. Os lagartos têm uma retina totalmente cónica, com múltiplos pigmentos visuais, e "todas as espécies testadas em estudos de discriminação têm visão cromática", pelo que a visão cromática é provavelmente normal para este grupo. Muitos lagartos têm um disco transparente (óculos, janela ou brila), na pálpebra inferior, e alguns têm uma pálpebra inferior transparente e imóvel. A explicação adaptativa mais provável para o óculos capacitivo é evitar a perda de água da córnea em espécies pequenas que habitam habitats relativamente mais secos do que os dos seus parentes com pálpebras móveis. A maior parte dos esquilos tem uma membrana timpânica bem desenvolvida, afundada num meato auditivo moderadamente profundo. O estribo destas espécies tem a forma de um "golf-tee", com uma haste longa e imperfurada e uma base moderadamente circular. O quadrado tem uma concha bem desenvolvida que suporta o bordo anterior do tímpano na sua borda exterior. Nestes taxa, o quadrado perdeu a concha e o eixo estapedial é curto e robusto, com uma ligação ligamentar à pele. A fixação enruga a pele para dentro neste ponto, produzindo uma depressão visível externamente. A principal estrutura que actua como transdutor de som no ouvido interno dos répteis é a papila basilar ou auditiva, uma estrutura que é elaborada no órgão de Corti nos mamíferos. A papila auditiva situa-se no ducto coclear, uma extensão antero-ventral do labirinto membranoso do ouvido interno, que tem como função a manutenção do equilíbrio. Nos esquimós, algumas células ciliadas da papila estão livres, mas as que se encontram num lóbulo ventral demarcado da papila estão cobertas por uma grande estrutura semelhante a uma cúpula, denominada culmen. A membrana tectorial, que é a estrutura habitual de controlo da inércia das células ciliadas sensoriais da papila auditiva na maioria dos lagartos, é rudimentar nos esquilos. O ouvido dos escincídeos está bem adaptado à receção de sons fracos, mas é pouco capaz de discriminar frequências. A quimiorreceção nos esquilos, tal como noutros lagartos, é mediada por duas estruturas, o epitélio sensorial do nariz e o órgão de Jacobson (= órgão vomeronasal). Nos esquilos, o ducto nasolaríngeo, que conduz o ar da cavidade nasal para a cavidade bucal, é alongado, de acordo com o palato secundário ósseo mais ou menos completo, mas noutros aspectos parece ser semelhante ao de outros lagartos escincomorfos. Neste grupo, o epitélio respiratório não sensorial reveste o tubo coanal e a superfície ventral da cavidade nasal, enquanto o epitélio sensorial se situa dorsalmente, especialmente sobre a superfície de uma prega interna, a concha, que se projecta na parede medial da cavidade nasal dos lagartos. Nos lagartos, o órgão de Jacobson situa-se na parte anterior do céu da boca, apoiado em baixo pela extremidade antero-lateral de cada vómer e protegido em cima pelas septomaxilas. Um ducto liga o epitélio sensorial desta estrutura em forma de bolsa à cavidade bucal. Não é certo o modo exato como as partículas de odor são transferidas para o epitélio sensorial do órgão de Jacobson.

Sistemas endócrino e exócrino

O complexo pineal (órgão pineal e olho parietal) está bem desenvolvido nos esquilos. A tiroide era única, geralmente em forma de cinta e localizada imediatamente antes do coração e ventralmente à traqueia. A tiroide tem uma função semelhante à de outros vertebrados e segrega hormonas iodotirosinas que são controladas pela hipófise e têm efeitos estimulantes em vários aspectos do metabolismo do lagarto. Em pelo menos alguns lagartos, a atividade da tiroide está correlacionada positivamente com as taxas de descamação da pele, embora ainda não existam dados disponíveis para os lagartos. A paratiroide está localizada no pescoço, nas bases das artérias carótidas, e está emparelhada nas quatro espécies de lagartos que foram investigadas. O pâncreas dos lagartos é uma estrutura de três membros, com projecções para a vesícula biliar, o intestino delgado e o baço. As supra-renais são relativamente delgadas e estão ligadas ao mesentério da gónada, situando-se medialmente a esta última. As glândulas exócrinas cefálicas dos esquilos incluem uma única labial inferior, até duas palatinas, duas sublinguais anteriores, por vezes uma lingual, duas a três nasais e, na região orbital, uma harderiana e uma ou duas (raramente nenhuma) lacrimais. As três glândulas orbitais estão geralmente presentes em espécies com pálpebra móvel e membrana nictitante, mas em espécies ablepharine a membrana nictitante é perdida, e com ela a glândula lacrimal anterior. A glândula de Harderian pode ter outras funções para além da lubrificação orbital em alguns outros grupos de répteis. As funções sugeridas incluem o aumento do olfato através da melhoria da recolha de partículas dissolvidas pelas secreções harderianas ou para melhorar a lubrificação durante a deglutição nas serpentes, mas tal sugestão não foi feita para os calangos. Foram identificadas glândulas exócrinas na região cloacal de *Eumeces*. Estas foram sugeridas como fontes de sinais químicos de identificação de espécies e de feromonas sexuais femininas. Ao contrário de muitos outros lagartos, os lagartos não têm poros femorais e pré-anais (Hutchinson, 1993).

Chave dos géneros de Scincidae do Irão

1a. Pálpebras imóveis (óculos); espécies pequenas (adultos a menos de 65 mm do focinho)

para desabafar); membros bem desenvolvidos .... *Ablepharus.*

1b. Pálpebras móveis; adultos com mais de 65 mm entre o focinho e a abertura; membros bem desenvolvidos ou reduzidos .... 2.

2a. Dígitos franjados lateralmente .... *Scincus.*

2b. Dígitos não franjados .... 3.

3 a. Membros muito reduzidos, com menos de cinco dígitos; corpo alongado, serpentino .... *Ophiomorus.*

3b. Membros bem desenvolvidos, com cinco dígitos; corpo robusto .... 4.

4a. Pálpebra inferior com proteção transparente .... 5.

4b. Pálpebra inferior sem proteção transparente .... *Eumeces.*

5 a. Narina entre a nasal e a rostral, na emarginação desta última, escamas lisas; dorso com numerosos ocelos claros de margem escura dispostos irregularmente de forma transversal .... *Calcídio.*

5b. Narina no escudo nasal; escamas dorsais geralmente distintas, mas fracamente bi-
ou tricarinadas; dorso sem ocelos .... *Trachylepis.*

Evolução dos lagostins asiáticos e africanos do grupo *Mabuya*

Os esquilos constituem a família de lagartos mais rica em espécies, a Scincidae, com
mais de 1300 espécies. A família de lagartos Scincidae teve origem em África e depois
diversificou-se e espalhou-se pela Ásia e Austrália até à sua atual distribuição mundial,
que reconheceu quatro subfamílias. As subfamílias Acontinae e Feylininae são
pequenos grupos de lagartos completamente sem membros, restritos a África. A
subfamília Scincinae é também uma grande subfamília distribuída pelas Américas e
pela Ásia, mas com o seu centro de diversidade em África. A subfamília Lygosominae
contém 45 géneros e mais de 600 espécies distribuídas principalmente em zonas
temperadas e tropicais do Velho Mundo, mas também em algumas zonas do Novo
Mundo. Dentro desta subfamília, são reconhecidas três linhagens evolutivas (isto é, os
grupos *Eugongylus, Mabuya* e *Sphenomorphus*) com base em dados morfológicos,
cariológicos e imunogenéticos. Destes, o grupo *Mabuya* distribui-se principalmente na
Ásia temperada e tropical, na África Central e Austral e na Austrália. *Mabuya,* o maior
género deste grupo, com uma área de distribuição mais vasta, também ocorre em
Madagáscar e na América do Sul, incluindo as ilhas das Índias Ocidentais, mas não
está distribuído na Austrália. Três géneros arbóreos *(Apterygodon, Dasia* [sensu
stricto] e *Lamprolepis)* e um género terrestre ou semi-fossorial *(Lygosoma* [sensu
Greer, 1977]) foram atribuídos ao grupo *Mabuya,* juntamente com *Mabuya* e alguns
outros géneros africanos e australianos. Destes, os três primeiros taxa tinham sido
agrupados como o género *Dasia* sensu lato, quando Greer (1970b) propôs os actuais
arranjos genéricos com base em caracteres morfológicos. Defendeu também que a
linhagem *Apterygodon-Dasia* e a linhagem *Lamprolepis* tinham evoluído
independentemente a partir de uma linhagem *semelhante à Mabuya* no Sudeste
Asiático. Numa extensão deste ponto de vista, Greer (1977) considerou que, para além
do género *Mabuya,* aquelas duas linhagens arbóreas, *Lygosoma,* membros australianos
do grupo *Mabuya,* o grupo *Eugongylus* e o grupo *Sphenomorphus* constituem seis

linhagens filogenéticas derivadas independentemente da linhagem asiática *semelhante a Mabuya* (defendeu as derivações subsequentes dos géneros endémicos africanos do grupo *Mabuya a* partir da linhagem *semelhante a Mabuya* neste continente). No entanto, a ordem cronológica destas divergências não foi colocada como hipótese nesse trabalho. Mais tarde, os membros australianos do grupo *Mabuya*, o grupo *Eugongylus* e o grupo *Sphenomorphus* foram atribuídos a divergências anteriores às dos membros asiáticos e africanos do grupo *Mabuya*. As restantes três linhagens, *Apterygodon-Dasia*, *Lamprolepis* e *Lygosoma*, bem como *Mabuya*, continuam a ser consideradas como derivadas do grupo *Mabuya* na Ásia, embora as suas relações pormenorizadas permaneçam incertas. O género *Mabuya* parece ter surgido primeiro no Sul ou Sudeste da Ásia e depois dispersou-se através de África para Madagáscar e América do Sul, porque algumas espécies do Sul e Sudeste da Ásia exibem os estados mais primitivos de caracteres entre as espécies *de Mabuya* existentes. Embora alguns autores tenham apontado a possível não-monofilia deste género devido à sua ampla distribuição e grande diversidade morfológica, nunca foram feitas análises filogenéticas abrangentes para o género e os seus parentes para verificar esta previsão (Honda et al, 1999).

Posição e estatuto sistemático de *Mabyua* sensu lato

Cerca de 100 espécies de lagartos foram atribuídas ao género *Mabuya* (sensu Greer 1970) (Bauer 1992; Mausfeld et al. 2002; Rastegar-Pouyani, 2006), que é o único género de lagartos com uma distribuição circuntropical (Mausfeld et al., 2000). *Mabuya* contém cerca de 15 espécies neotropicais (Blackburn & Vitt, 1992) e cerca de 30 espécies asiáticas. O maior número de espécies *de Mabuya* (cerca de 60) ocorre em África (Greer, 1977; Mausfeld et al., 2000). Onze espécies descritas são conhecidas de Madagáscar (Nussbaum & Raxworthy, 1998; Köhler et al., 1998). No Oceano Índico, encontram-se duas espécies endémicas nas Seychelles, uma espécie nas Comores e uma espécie na pequena Ilha Europa (Brygoo, 1981). As relações intercontinentais dentro do género circuntropical *Mabuya* Fitzinger, 1826 são muito mais complexas do que se pensava (Mausfeld et al. 2002). A análise molecular do género demonstrou que *Mabuya* consiste em várias linhagens evolutivas separadas que representam radiações monofiléticas distintas e bem suportadas. Para refletir as origens independentes dos grupos sul-americano, asiático, afro-malgaxe e cabo-verdiano, *Mabuya* sensu lato foi dividido em quatro géneros. Há muito que se impõe uma revisão exaustiva da história evolutiva e da biogeografia de *Eutropis*. O trabalho mais completo sobre a evolução do género *Mabuya* foi escrito por Horton (1973). Como a nomenclatura taxonómica pretende refletir unidades genealógicas, o género *Mabuya* sensu lato é revisto para refletir as origens independentes dos quatro grupos. Dada a provável parafilia do género *Mabuya* sensu lato e os resultados publicados por, Mausfeld et.al (2002-3), recomenda que *Mabuya* seja dividido em quatro géneros. Não foram propostos novos nomes porque os nomes estavam disponíveis na literatura. As espécies da América do Sul devem manter o nome *Mabuya,* Fitzinger, 1826. Dunn (1935), seguindo Fitzinger (1826), selecionou, por autonomia, a espécie *Lacertus mabouya* Lacepede, 1788 como tipo de *Mabuya* Fitzinger, 1826. Considerou *Mabuya dominicensis* Fitzinger, 1826 um sinónimo de *Mabuya mabouya* (Lacepede, 1788) (para uma discussão exaustiva ver Travassos, 1945). O espécime-tipo perdeu-se, mas ainda está representado pelas suas ilustrações (Brygoo, 1985). É necessária uma revisão essencial dos espécimes tipo das espécies que se determinou representarem o género *Mabuya* (Mausfeld et al., em pres.). O grupo asiático é referido ao género *Eutropis* Fitzinger, 1843, com a espécie tipo *Gongylus sebae* Dumeril & Bibron, 1839, que segundo Smith (1935) é um sinónimo de *Mabuya multifasciata* Kuhl, 1820. O grupo de espécies afro-malgaxes é atribuído ao género *Euprepis* Wagler, 1830, com a espécie-tipo *Lacerta punctata* Linnaeus, 1758, que, segundo Andersson (1900), é sinónimo de *Mabuya homalocephala* Wiegmann, 1828. A espécie das ilhas do Cabo Verde manteria o nome *Chioninia* Gray, 1845, com a espécie-tipo *Euprepes delalandii* Dumeril & Bibron, 1839. Dois dos clados monofiléticos delineados pela análise molecular podem ser corroborados por dados morfológicos taxonomicamente significativos. Morfologicamente, há uma clara diferenciação entre os membros do clado sul-americano e do clado asiático.

No grupo asiático foram encontrados dentes pterigóides, dorsais com quilha, oviparidade ou viviparidade e 26 vértebras pré-sacrais, enquanto os *Mabuya* da América do Sul não têm dentes pterigóides, dorsais lisas, reprodução placentotrófica vivípara e têm 28-31 vértebras pré-sacrais. Representando unidades claramente monofiléticas e morfologicamente claramente distinguíveis, a diferenciação taxonómica destes dois grupos, dividindo assim o género *Mabuya*, é desejável e justificada. Distintamente separados na análise molecular, o grupo afro-malgaxe e cabo-verdiano apresenta morfologicamente uma posição intermédia entre os grupos asiático e sul-americano. Assumindo uma origem asiática do género *"Mabuya"''* (Horton, 1973; Greer, 1977), a África e as ilhas de Cabo Verde foram colonizadas antes da América do Sul; mas o novo conjunto de dados não permite afirmar o momento exato da colonização sul-americana antes, durante ou depois da radiação africana e cabo-verdiana. Assim, considerando tanto o grupo afro-malgaxe como o grupo cabo-verdiano como radiações distintas e monofiléticas, como os novos dados mostram claramente, é plausível que as espécies afro-malgaxe e cabo-verdianas sejam morfologicamente intermédias entre as espécies sul-americanas

A espécie *Mabuya* e os seus "congéneres" asiáticos. Apesar de, no que diz respeito à morfologia, esta posição intermédia do grupo afro-malgaxe e do grupo cabo-verdiano dificultar bastante o diagnóstico. Mas o monofiletismo substancialmente suportado destes grupos, juntamente com a intenção de nomear clados monofiléticos bem suportados (Greer & Broadley, 2000), justificam a atribuição das espécies afro-malgaxes e das espécies cabo verdianas a géneros diferentes. Com isto, evita-se que a taxonomia fique progressivamente mais atrasada em relação ao conhecimento da filogenia. Os quatro géneros definidos pela seguinte combinação de caracteres:

Mabuya Fitzinger, 1826

Espécie-tipo: *Mabuya mabouya* (Lacepede, 1788) [Syn. Math. Quadr. Ovip., en Hist. Nat. Quadr. Ovip. 1: 376] = *Mabuya dominicensis* Fitzinger, 1826 [Neue Class. Rept. Wien. Terra typica: Insula St. Dominici = República Dominicana] = nome substituto de *Mabuya mabouya* (Lacepede, 1788)? 1826 *Spondylurus* Fitzinger; espécie-tipo: *Scincus sloanei* Daudin, 1802* 1845 *Copeoglossum* Tschudi; espécie-tipo: *C. cinctum* Tschudi [= *Mabuya nigropunctata* (Spix, 1825) AVILA-PIRES, 1995] 1845 *Mabouya* Gray (emenda de *Mabuya* Fitzinger) 1845 *Xystrolepis* Tschudi; espécie-tipo: *Xystrolepis punctata* Tschudi 1862 *Mabuia* Cope (emenda de *Mabuya* Fitzinger)

Descrição

Lagartos de tamanho médio a grande, com corpo cilíndrico, membros fortes e bem desenvolvidos, os dígitos 5-5, e cauda de tamanho médio. Escamas ciclóides revestidas por placas ósseas (osteodermas). Dorsais lisas. Dorsais e ventrais semelhantes entre si; sem limites distintos entre as gulares e as ventrais. Ossos palatinos em contacto na mediana; entalhe palatino separando os pterigóides, estendendo-se para a frente até entre os centros dos olhos. Sem dentes pterigóides. Escamas dorsais da cabeça geralmente planas e subimbricadas, com um par de supranasais, e pré-frontais e frontoparietais emparelhadas ou fundidas. A supraocular mais posterior contactada pela frontal é a segunda. Os temporais secundários estão em contacto. Narina perfurada numa única nasal. Pálpebras móveis; pálpebra inferior com um disco indiviso, semitransparente, limitado inferiormente diretamente por uma (ou mais) supralabial(ais). Pupila redonda. Orelha relativamente pequena, com o tímpano encastrado num meato auditivo moderadamente profundo. Dentes relativamente pequenos, pleurodontes; língua larga, lanceolada, coberta de papilas de forma irregular, com a ponta fracamente cortada. Ausência de poros femorais. 28-31 vértebras pré-sacrais. Reprodução placentotrófica vivípara. O género de *Mabuya* é feminino.

Eutropis Fitzinger, 1843

Espécie-tipo: *Gongylus sebae* Dumeril & Bibron, 1839, localidade-tipo: Batavia [= *M. multifasciata* (Kuhl, 1820) (SMITH 1935)] 1826 *Mabuya* Fitzinger, part. *1848 Elabites* Gistel (nome substituto de *Euprepis Wagler*)

Descrição

Lagartos de tamanho médio a grande, com corpo cilíndrico, membros fortes e bem desenvolvidos, os dígitos 5-5, e cauda de tamanho médio. Escamas ciclóides revestidas por placas ósseas (osteodermes). Dorsais quilhadas. Dorsais e ventrais semelhantes entre si; sem limites distintos entre as gulares e as ventrais. Ossos palatinos em contacto na região mediana; entalhe palatino separando os pterigóides, estendendo-se para a frente até entre os centros dos olhos. Dentes pterigóides presentes. Escamas dorsais da cabeça geralmente planas e subimbricadas, com um par de supranasais, e pré-frontais e frontoparietais emparelhadas ou fundidas. A supraocular mais posterior contactada pela frontal é a segunda. Os temporais secundários estão separados pelos temporais terciários que os invadem anteriormente. Narinas perfuradas numa única nasal. Pálpebras móveis; pálpebra inferior predominantemente escamosa, por vezes com um disco semitransparente não dividido, limitado inferiormente diretamente por uma (ou mais) supralabial(ais). Pupila redonda. Orelha relativamente pequena, com o tímpano encastrado num meato auditivo moderadamente profundo. Dentes relativamente pequenos, pleurodontes; língua larga, lanceolada, coberta de papilas de forma irregular, com a ponta fracamente entalhada. Ausência de poros femorais. 26 vértebras pré-sacrais. Reprodução ovípara ou vivípara. O género de *Eutropis* é feminino.

Euprepis Wagler, 1830

Espécie-tipo: *Lacerta punctata* Linnaeus, 1758 [= *Euprepis homalocephalus* (Wiegmann, 1828) (ANDERSSON 1900)], localidade-tipo: África do Sul 1826 *Mabuya* Fitzinger, parte. 1834 *Euprepes* Wiegmann (nome substituto de *Euprepis* Wagler) 1839 *Mabouya* Dumeril & Bibron (nome substituto de *Mabuya* Fitzinger) 1839 *Herinia* Gray; espécie-tipo: *Herinia capensis* Gray [= *Euprepis capensis* (Gray, 1830)] 1843 *Trachylepis* Fitzinger; espécie-tipo: *Euprepes savignyi* Dumeril & Bibron, 1839 [= *Euprepis quinquetaeniatus* (Lichtenstein, 1923)] *1843 Oxytropis* Fitzinger; *espécie-tipo: Euprepes merremii* (Dumeril & Bibron, 1839) [= *Mabuya trivittata* (Cuvier, 1829) = *part. Mabuya ascensionis* (Gray, 1839) = *Mabuya capensis* (Gray, 1830) (BOULENGER, 1887; BRYGOO, 1985)] 1845 *Hermites* Gray; espécie-tipo: *Scincus vittatus* Oliver, 1804 [= *Eutropis vittatus* (Olivier, 1804)] 1925 *Mabuiopsis* Angel; espécie-tipo: *Mabuia jaenneli* Angel [= *Euprepis irregularis* Lonnberg, 1922]

Descrição

Lagartos de tamanho médio a grande, com corpo cilíndrico, membros fortes e bem desenvolvidos, os dígitos 5-5, e cauda de tamanho médio. Escamas ciclóides revestidas por placas ósseas (osteodermes). Dorsais quilhadas (com muito poucas excepções em que as dorsais são lisas). Dorsais e ventrais semelhantes entre si; não existe uma fronteira distinta entre as gulares e as ventrais. Ossos palatinos em contacto na região mediana; incisura palatina separando os pterigóides, estendendo-se para a frente até entre os centros dos olhos. Dentes pterigóides presentes ou ausentes. Escamas dorsais da cabeça geralmente planas e subimbricadas, com um par de supranasais, e pré-frontais e frontoparietais emparelhadas ou fundidas. A escama supraocular mais posterior contactada pela escama frontal é a terceira. Os temporais secundários estão em contacto ou separados pelos temporais terciários que os invadem anteriormente. Narina perfurada numa única nasal. Pálpebras móveis; pálpebra inferior com um disco indiviso, semitransparente, limitado inferiormente por uma (ou mais) supralabial(is). Pupila redonda. Orelha relativamente pequena, com o tímpano encastrado num meato auditivo moderadamente profundo. Dentes relativamente pequenos, pleurodontes; língua larga, lanceolada, coberta de papilas de forma irregular, com a ponta fracamente cortada. Ausência de poros femorais. 26-27 vértebras pré-sacrais. Reprodução ovípara ou vivípara. O género de *Euprepis* é masculino.

Chioninia **Gray, 1845**

Espécie-tipo = *Gongylus delalandii* Dumeril & Bibron, 1839 [= *Mabuya delalandii* (Dumeril & Bibron, 1839) (BRYGOO 1985)], localidade-tipo: São Thiago, Ilhas de Cabo Verde 1826 Fitzinger, part.

Descrição

Lagartos de tamanho médio a grande, com corpo cilíndrico, membros fortes e bem desenvolvidos, os dígitos 5-5, e cauda de tamanho médio. Escamas ciclóides revestidas por placas ósseas (osteodermes). Dorsais quilhadas. Dorsais e ventrais semelhantes entre si; sem limites distintos entre as gulares e as ventrais. Ossos palatinos em contacto na região mediana; entalhe palatino separando os pterigóides, estendendo-se para a frente até entre os centros dos olhos. Escamas dorsais da cabeça geralmente planas e subimbricadas, com um par de supranasais, e pré-frontais e frontoparietais emparelhadas ou fundidas. A escama supraocular mais posterior contactada pela escama frontal é a terceira. Os temporais secundários estão em contacto. Narina perfurada numa única nasal. Pálpebras móveis; pálpebra inferior com um disco indiviso, semitransparente, limitado inferiormente diretamente por uma (ou mais) supralabial(ais). Pupila redonda. Orelha relativamente pequena, com o tímpano encastrado num maetus auditivo moderadamente profundo. Dentes relativamente pequenos, pleurodontes; língua larga, lanceolada, coberta de papilas de forma irregular, com a ponta fracamente cortada. Ausência de poros femorais. 26-27 vértebras présacrais. Reprodução ovípara ou vivípara. O género de *Chioninia* é feminino.

Como vimos acima, estes quatro géneros são morfologicamente muito próximos uns dos outros; isto porque provêm da mesma linhagem antiga, que muito provavelmente teve origem na Ásia e depois migrou gradualmente para a Ásia menor, Madagáscar, África, Ilhas do Cabo Verde e finalmente para a América do Sul (Mausfeld & Schmitz, 2003). Se alguma vez trabalhou de perto na morfologia dos lagartos escincídeos, terá notado que, devido, por exemplo, à sua capacidade de se adaptar rapidamente a habitats específicos, encontrará sempre apenas pequenas diferenças entre as espécies e os géneros de uma linhagem estreitamente relacionada, por exemplo, compare os diagnósticos genéricos de *Scincella, Sphenomorphus* e *Lankascincus*. Além disso, é muito frequente que espécies diferentes nos mesmos habitats gerais (mas completamente separados) desenvolvam caracteres convergentes. Nalguns casos, no entanto, espécies que ocupam ambientes semelhantes ou exploram recursos ecológicos semelhantes não convergiram, ou convergiram apenas parcialmente (Vanhooydonck & Van Damme, 1999; Leal et al., 2002). As razões para esta falta de convergência, ou convergência "incompleta", variam e podem incluir hipóteses de contingência ou constrangimento histórico. Assim, os dados que esclarecem se as espécies apresentam ou não convergência morfológica, em contextos ecológicos semelhantes, também fornecem informações sobre processos evolutivos mais gerais que estão na base da origem da diversidade fenotípica. Para ultrapassar estes problemas na taxonomia, quase todos os cientistas actuais utilizam o princípio dos clados monofiléticos para diagnosticar agrupamentos superiores.

O novo conjunto de dados apoia a paráfise de ""*Mabuya*"" sensu lato, como indicado por Honda
et al. (2000), substanciando assim o novo arranjo genérico de Mausfeld et al. (2002). *Eutropis* é um grupo monofilético fortemente suportado, distintamente separado do

género *Euprepis*. Novos dados mostram que as espécies do antigo género *"Mabuya"* que ocorrem no Médio Oriente (e no Irão) não podem definitivamente ser atribuídas a *Eutropis* mas sim a *Euprepis*. Este resultado, juntamente com o facto de as espécies do Médio Oriente, tal como todas as outras espécies de *Euprepis*, apresentarem uma pálpebra transparente, apoia a consideração destes taxa como membros de *Euprepis* (Broadley, 2000). Para além da monofilia fortemente apoiada de *Eutropis*, os membros deste género têm exclusivamente uma pálpebra escamosa. Portanto, a pálpebra transparente em *Euprepis* pode ser considerada como um carácter taxonomicamente significativo para a distinção entre *Euprepis* e *Eutropis*.

Quadro nomenclatural

De acordo com as regras do ICZN, os primeiros autores revisores de um grupo de taxa podem tomar decisões (por exemplo, sobre o espécime tipo de um género se este não tiver sido previamente designado), que devem ser seguidas pelos autores subsequentes. Apesar disso, Andreas & Schmitz foram os primeiros autores revisores do género *Mabuya* sensu lato, e especialmente dos quatro clados monofiléticos recentemente reconhecidos. Para o clado africano-malgaxe, designaram *Lacerta Punctata* como espécime tipo de *Mabuya* Fitzinger 1826 e, portanto, o nome do género *Euprepis* era o nome correto a usar, de acordo com a regra mencionada acima. Mas Aaron Bauer (2003), com base na sua reidentificação do *L. punctatus* com *Euprepis*, propôs que o uso do nome existente tanto para um chinoca comum da África Austral como para um chinoca comum do Sul da Ásia é instável. Nesta reavaliação, Bauer proporcionou a estabilidade nomenclatural para ambos os taxa, fixando o nome *Lacerta punctata* para a espécie asiática que é conhecida como *Lygosoma punctatum*. Bauer (2003), também mudou *Euprepis* Wagler, 1830 para *Trachylepis* Fitzinger, 1843 (espécie tipo *Euprepes savignyi* Dumeril & Bibron, 1839 [syn. *Scincus quinquetaeniatus* Lichtenstein, 1823]), como o primeiro nome genérico disponível para as espécies africanas, malgaxes e de Fernando de Noronha. As espécies de

Mabuya e todas as espécies do Médio Oriente deste antigo género pertencem ao clado Afro-Malgaxe. E também como mencionado anteriormente, tendo em conta o facto de as espécies iranianas deste antigo género pertencerem ao clado afro-malgaxe

(Mausfeld & Schmitz, 2003), então este novo nome de *Trachylepis* é o próximo nome disponível e válido para as espécies iranianas de *Mabuya*. Atualmente, *Mabuya* sensu stricto está limitada ao ramo americano. As espécies que ocorrem no Irão e noutros locais do sudoeste asiático pertencem a duas subfamílias: a Scincinae, morfologicamente mais primitiva, que inclui *Chalcides* (1 espécie), *Eumeces* (3 espécies), *Ophiomorus* (6 espécies) e *Scincus* (1 espécie), e a subfamília mais derivada, Lygosominae, que inclui *Ablepharus* (2 espécies) e *Trachylepis* (3 espécies) (Anderson, 1999).

Chave das espécies de *Trachylepis* no Irão

1a. Escamas parietais geralmente em contacto atrás das interparietais; nucais e pós-nucais com três quilhas fortemente desenvolvidas; frequentemente uma faixa vertebral clara distinta, geralmente com margens escuras e claramente destacada da cor do solo .... *Trachylepis vittata* (Olivier, 1804).

1b. Escamas parietais não em contacto, separadas por interparietais; nucais lisas, pós-nucais lisas ou muito fracamente quilhadas; ausência de faixa vertebral clara .... 2.

2a.   60-62 gulares mais ventrais contadas desde o escudo mental até à abertura .... *Trachylepis septemtaeniata* (Reuss, 1833).

2b. 65-72 gulares mais ventrais .... *Trachylepis aurata* (Linnaeus, 1758).

Género *Trachylepis* Fitzinger, 1843

Definição. Ossos palatinos em contacto mesialmente; incisura palatina separando completamente os pterigóides, estendendo-se para a frente até ao centro dos olhos; dentes pterigóides minúsculos ou

ausente. Dentes maxilares cónicos ou bicúspides. Pálpebras móveis, inferiores com ou sem disco mais ou menos transparente. Orelha distinta, com o tímpano mais ou menos profundamente afundado. Narinas perfuradas numa única nasal; supranasais presentes; pré-frontais presentes; frontoparietais por vezes unidas num único escudo; interparietais por vezes unidas às parietais. Membros bem desenvolvidos, pentadáctilos. Dígitos subcilíndricos ou comprimidos, com lamelas transversais inferiormente (Anderson, 1999). O género *Trachylepis* Fitzinger, 1843 é representado por 78 espécies (Uetz, 2013), que inclui três espécies conhecidas no Irão, *Trachylepis septemtaeniata* (Reuss, 1834), encontrada nas regiões meridionais das montanhas Zagros; *Trachylepis aurata* (Linnaeus, 1758) que habita as partes norte a central das montanhas Zagros, e *Trachylepis vittata* (Olivier, 1804), distribuída a oeste das montanhas Zagros (Faizi et al., 2010). As explicações relacionadas com a espécie *Trachylepis vittata* (Olivier, 1804) são abordadas nos próximos capítulos.

Trachylepis septemtaeniata (Reuss, 1834)

Diagnose: 60 - 62 escamas nas gulares e ventrais. Os escudos parietais não estão em contacto, estão separados pelo interparietal. As escamas nucais são lisas. 32 - 38 filas de escamas corporais à volta do tronco. 4º dedo do pé com 16 - 22 lamelas subdigitais.

Padrão de coloração: Castanho claro em cima, com quatro riscas longitudinais castanhas escuras que começam no occipital, distintas na nuca, dividindo-se em manchas ou desaparecendo na parte posterior do dorso; risca larga escura, manchada de branco, desde a narina, na metade anterior do flanco, passando ao longo da metade superior do flanco, geralmente delimitada em cima e em baixo por uma risca clara, muitas vezes dividindo-se e tornando-se indistinta na metade posterior do flanco; ventre branco (Anderson, 1999).

Distribuição: Sul do Irão, terras baixas do Iraque, nordeste da Arábia Saudita (Al Hasa a sul de Hofuf), Barém, norte de Omã (Muscat); Eritreia.

Trachylepis aurata (Linneaus, 1758)

Diagnose: 65 - 72 escamas nas gulares e ventrais. Os escudos parietais não estão em contacto, estão separados pelo interparietal. As escamas nucais são lisas. 32 - 38 filas de escamas corporais à volta do tronco. 4º dedo do pé com 16 - 22 lamelas subdigitais.

Padrão de coloração: Castanho-oliva em cima, com quatro riscas longitudinais castanhas escuras na cabeça, divididas em manchas na nuca, desaparecendo na parte posterior do dorso; risca larga e escura, manchada de branco, a partir da narina, passando ao longo da metade superior de todo o flanco, geralmente delimitada acima e abaixo por uma risca branca, continuando até à cauda; membros castanhos, com manchas; ventre branco (Anderson, 1999).

Distribuição: A espécie é encontrada na Eritreia, Arábia, ilhas do nordeste do Mediterrâneo, Turquia, Líbano, Síria, Jordânia, Iraque, oeste e norte do Irão, regiões do sul da Arménia, Nakhichevan, sul do Turquemenistão, exceto, talvez, nas planícies do norte.

A geografia do Irão (em relação à fauna de lagartos)

O Irão é constituído por um complexo de cadeias montanhosas que encerram uma série de bacias interiores situadas a altitudes de 300 a 1500 metros acima do nível do mar. Estas cadeias montanhosas elevam-se abruptamente do nível do mar a norte e a sul, e da planície da Mesopotâmia a oeste. Para leste e noroeste, as terras altas estendem-se para além do Irão.

O Irão tem sido caracterizado como uma tigela, com uma borda exterior alta que rodeia um interior irregular e mais baixo, mas não baixo. A orla é formada por vários grupos de cadeias montanhosas, algumas das quais, especialmente a oeste e a norte, são não só altas e arrojadas, mas também extensas em área de solo; as do sul e do leste são mais estreitas, mais baixas em altura geral, mais interrompidas por bacias de planície e, por conseguinte, menos uma barreira, climática e biogeograficamente. No leste, no entanto, os efeitos climáticos - principalmente a aridez, com a acumulação de areia e detritos rochosos - reforçam a diminuição da importância do relevo (Anderson, 1999).

O clima do Irão foi descrito por Adle (1960a), Ganji (1968) e Ehlers (1992). Verifica-se um aumento geral da temperatura média anual de noroeste para sudeste, reflectindo as respectivas posições geográficas e elevações das diferentes regiões. As zonas de precipitação correspondem às zonas de temperatura, recebendo o oeste, noroeste e norte médias anuais mais elevadas e uma distribuição sazonal da precipitação adequada ao crescimento da vegetação, ao passo que a parte do planalto iraniano situada na sombra das montanhas vizinhas recebe muito menos precipitação (Ehlers, 1992). Para efeitos de discussão da geografia dos lagartos iranianos, Anderson (1999) considera regiões fisiográficas para o Irão, algumas das quais são as seguintes

Os Montes Zagros

Esta longa cadeia montanhosa constitui simultaneamente uma barreira entre o planalto e as terras baixas da Mesopotâmia e um corredor para a distribuição a sul de elementos faunísticos do norte. Geograficamente, o Zagros é constituído por duas sub-regiões distintas: uma secção noroeste que se estende desde a fronteira noroeste até uma linha que passa por Qazvin-Hamadan-Kermanshah, formando uma série de planaltos com uma altitude média de 1500-2000 m, com maiores alturas a norte e a oeste; o resto do Zagros, uma série de cúpulas ou hogbacks formados por dobras de batida paralela com tendência para noroeste-sudeste até Bushire, tornando-se arqueadas e curvando-se para leste, estendendo-se até Bandar-Abbas e Horhe Zamoz. A floresta zagrosiana, uma associação de carvalhos semi-húmidos, ocorre nas encostas exteriores do Kordistão iraniano e iraquiano e de Lorestan até Fars. Trata-se de uma floresta de dracmas, resistente ao frio e com luz suficiente para formar uma estepe herbácea e herbácea. O seu limite inferior é de 2200 a 2800 m de altitude. A precipitação anual nesta região florestal é de 500-750 mm, ou mais, caindo maioritariamente no inverno e na primavera. As espécies de lagartos conhecidas da zona de Zagros são: *Trapelus agilis, T. lessonae, Laudakia nupta, Ophisaurus apodus, Cyrtopodion heterocercum, C.scabrum, Tropiocolotes helenae fasciatus, Eremias nigrolateralis, Lacerta princeps, L. zagrosica, Mesalina watsonana, Ophisops elegans, Ablepharus bivittatus, A. pannonicus, Eumeces schneideri princes, Mabuya aurata, Ophimorus persicus e Varanus griseus.* Cinco taxa, *Asaccus kermanshahensis, Cyrtopodian heterocercum, Tropiocolotes helenae fasciatus, Lacerta princeps, Ophiomorus persicus* e o recém-descrito *Asaccus kurdistanensis* (Rasegar-Pouyani et al., 2006) são endémicos de Zagros e das montanhas contíguas da Anatólia, mas a extensão da sua distribuição é indeterminada. A fauna conhecida é essencialmente a dos desfiladeiros inferiores e é constituída principalmente por espécies do sudoeste asiático de grande distribuição.

Caraterísticas da biodiversidade das montanhas de Zagros

As montanhas de Zagros têm tradicionalmente suportado uma grande variedade de vida animal, incluindo o urso castanho *(Ursus arctos)*, o urso negro asiático *(U. thibetanus)*, águias *(Aquila spp.)*, cabras selvagens *(Capra aegrarus)*, ovelhas *(Ovis orientalis)*, lobos *(Canis lupus)*, leopardo *(Panthera pardus)* e outros felinos selvagens (IUCN, 2001). Cinco taxa de lagartos são endémicos da cordilheira de Zagros e das montanhas contíguas da Anatólia (Anderson, 1999).

A águia-perdigueira *(Aquila pomarina)* e a águia-real (*A. chrysaetos*) reproduzem-se nas colinas florestais e nas zonas montanhosas do Norte e do Oeste do Irão. A *Capra aegagrus, que* se distingue pelos seus majestosos chifres curvos, vive nas rochas altas e nas zonas montanhosas; a Lista Vermelha da UICN classifica esta espécie como vulnerável, sendo as principais ameaças a caça e a perda de habitat devido ao pastoreio e às actividades madeireiras (UICN, 2001). Estas tendências ameaçam provavelmente também o leopardo, que prefere as zonas montanhosas, as florestas e as zonas arborizadas onde se pode alimentar de ovelhas, cabras e outras presas. *Ovis orientalis*, também conhecido pelos seus impressionantes chifres, habita terrenos montanhosos, florestas temperadas e uma série de outros ecossistemas. A raposa de Blandford *(Vulpes cana)*, uma das raposas mais raras do mundo, ocupa as zonas montanhosas de Kerman e Fars.

O gamo persa *(Dama dama ssp* Mesopotamian), altamente ameaçado, anteriormente comum no Irão, foi considerado extinto até à década de 1950, quando foi descoberta uma pequena população no sopé ocidental das montanhas Zagros (IUCN, 2001).

Outras espécies registadas na parte sudoeste desta região incluem o chacal *(C. aureus)*, a raposa *(Vulpes vulpes)*, a marta *(Martes foina)*, o mangusto *(Herpestes ichneumon)*, a hiena listrada *(Hyaena hyaena)*, o gato da selva *(Felis chaus)* e o porco selvagem *(Sus scrofa)*. Nas zonas de estepe semi-árida, a avifauna típica inclui a perdiz-das-rochas *(Alectoris chukar* e *A. graeca)*, a perdiz-vermelha *(Ammoperdix griseogularis)*, a abetarda *(Tetrax tetrax)*, a abetarda de houbara *(Chlamydotis undulata)*, o galo silvestre de barriga preta (*Pterocles orientalis*) e o abutre-preto *(Aegypius monachus)*.

Foi observado que a cadeia de montanhas de Zagros forma um corredor para a distribuição a sul de elementos faunísticos do norte (Anderson, 1999). A cadeia de Zagros é a fonte original de algumas espécies que também se encontram atualmente em algumas montanhas do Mediterrâneo oriental, como *Quercus libani* e *Q. boissieri*.

O Irão tem servido como centro de origem de um vasto número de espécies e géneros, incluindo *Astragalus, Euphorbia, Acanthophyllum, Salvia, Heliotropium* e *Centaurea* (Anderson, 1999).

O sopé ocidental dos Montes Zagros

A fauna desta faixa de sopé partilha espécies com as montanhas de Zagros e com as planícies da Mesopotâmia, mas também contém um certo número de espécies exclusivas desta região. As espécies conhecidas desta região são: *Trapelus agilis, Laudakia nupta, Uromastyx loricatus, Eublepharis angramainyu, Asaccus elisae, A. griseonotus, Carinatogecko aspratilis, C. heteropholis, Cyrtopodian scabrum, Hemidactylus persicus, H. turcicus, Ptyodactylus sp, Tropiocolotes helenae helenae, T. persicus bakhtiari, Acanthodactylus nilsoni, Mesalina watsonana, Ophisops elegans, Ablepharus pannonicus, Eumeces schneideri princes, Euprepis septemtaeniata, Scincus scincus conirostris* e *Varanus griseus.*

Os taxa endémicos desta lista são de particular interesse. *Eublepharis angramainyu* tem os seus parentes mais próximos nas fronteiras sudeste e norte do Planalto Iraniano, no Paquistão, Afeganistão e Turquemenistão. As duas espécies de *Tropiocolotes* têm subespécies (ou espécies estreitamente relacionadas) no Baluchistão persa e no Paquistão. *Asaccus griseonotus, A. kermanshahensis* e o seu congénere de distribuição mais alargada, *A. elisae*, estão relacionados com espécies das regiões montanhosas de Omã e dos Emirados Árabes Unidos. *Carinatogecko* é um género cuja extensão conhecida se limita a estes contrafortes, embora estas espécies possam eventualmente ser tratadas como membros de *Cyrtopodion* relacionados com o complexo *C. kotschyi*. Nem *Scincus scincus conirostris* nem *Uromastyx loricatus* podem ser considerados caraterísticos da faixa de sopé das colinas; o primeiro encontra-se em dunas eólicas apanhadas nas franjas das colinas, enquanto o segundo ocupa os leques e vales aluviais mais baixos. Nesta fauna estão ausentes as espécies caraterísticas do Planalto Central, como as várias espécies de *Phrynocephalus* e *Eremias, que* constituem uma grande parte da diversidade da fauna do planalto. As espécies de *Lacerta*, elementos importantes das faunas do norte e da montanha, não aparecem nesta região de sopé.

Planalto central

Este termo é usado aqui para designar a bacia de drenagem interna do Planalto Iraniano que se encontra inteiramente dentro dos limites das fronteiras iranianas e rodeada por montanhas. Uma das áreas menos conhecidas do planalto iraniano e, no entanto, uma das mais interessantes e mais importantes do ponto de vista faunístico, é a cadeia norte-sul de massas de terras altas que separa a bacia do planalto interior do Afeganistão, incluindo as drenagens do Hari Rud e da bacia do Sistan. Muitas das espécies registadas nesta região são conhecidas a partir de registos isolados. As espécies de lagartos conhecidas desta região são: *Trapelus agilis, Laudakia caucasia, L.microlepis, L. erythrogastra, L. nupta, Phrynocephalus maculatus, P. mystaceus, P. ornatus, P. scutellatus, Eublepharis macularius, Agamura persica, Cyrtopodion agamuroides, C. kirmanense,Eremias persica, Varanus griseus,... .*

Bacia do Reza'iyeh (Urmiyeh)

Esta é a maior das bacias de descida da região norte de Zagros. Não tem saída de drenagem e o lago pouco profundo situa-se a 1290 metros acima do nível do mar, sendo altamente salino. Grande parte do território em redor do lago é calcário com extensas intrusões ígneas. As seguintes espécies de lagartos são conhecidas na área que desagua no Lago Urmia: *Laudakia caucasia, Trapelus ruderatus, Phrynocephalus persicus, Eremias pleskei, E. strauchi, Lacerta brandti, L. media, Ophisops elegans, Ablepharus bivittatus, Eumeces schneideri, Mabuya aurata.*

A bacia do Sistão

A planície oval do Sistão é uma zona de declive complexa com um limite íngreme no seu lado oriental, formado por cumes estreitos entre Neh e Nosratabad. A orla nordeste situa-se no Afeganistão e é constituída pelas cordilheiras de Hindu Kush. A maior extensão de água doce do planalto iraniano, o Hamun- e Helmand, situa-se em grande parte no território persa, na parte mais baixa da bacia. A maioria das espécies desta região pertence a duas categorias faunísticas: formas amplamente distribuídas do Planalto Iraniano, como *Trapelus agilis, Laudakia nupta, Phrynocephalus maculatus,* e uma fauna de Helmand adaptada à areia, *Phrynocephalus ornatus, Teratoscincus bedriagai, Eremias fasciata* e *Ophiomorus tridactylus.*

A região do Cáspio

De Astara, a oeste, a Hasan Qui Beg, a leste, as planícies do Cáspio estendem-se como uma planície de baixa altitude, com cerca de 640 km de comprimento, mas de largura variável; no extremo leste, alarga-se para as amplas planícies do Turquemenistão. O Mar Cáspio situa-se a cerca de 26 m abaixo do nível médio do mar, embora a sua extensão dependa das flutuações do caudal do rio Volga, que está sujeito a desvios para cultivo, bem como a flutuações climáticas. As seguintes espécies de lagartos foram registadas dentro dos limites do Irão, na região do Mar Cáspio: *Trapelus agilis, Laudakia caucasia, Anguis fragilis, Ophisaurus apodus, Eremias velox, Lacerta chlorogaster.*

A planície do Khuzistão e a costa do Golfo Pérsico

Esta é a maior extensão de planície no Irão. A maior parte do vale da Mesopotâmia nesta zona está coberta por sedimentos trazidos do Zagros pelos rios Karun e Karkheh. Perto da cabeceira do Golfo Pérsico existem mangais de água doce e salgada. A norte e a leste de Ahvaz existem zonas de dunas de areia. A vegetação predominante é uma cobertura vegetal semelhante a uma estepe, que se transforma numa formação mais desértica à medida que se afasta das colinas, em direção a sudoeste.

Geograficamente uma extensão da planície da Mesopotâmia, esta região tem uma relação faunística estreita com as terras baixas do Iraque e o norte da Arábia. A fauna não está uniformemente distribuída, sendo algumas espécies registadas apenas na planície costeira mais húmida do Golfo. São conhecidos os seguintes lagartos: *Phrynocephalus arabicus, Trapelus ruderatus, Laudakia nupta, Uromastyx loricatus, U. aegyptius, Assacus elisae, Bonopus tuberculatus, Hemidactylus flaviviridis, Pristurus rupestris, Stenodactylus affinis, Acanthodactylus grandis, Mesalina brevirostris, M. watsonana, Ophisops elegans, Ablepharuspannonicus, Chalcides ocellatus...*

Baluchistão iraniano e costa de Makran

Nesta região, a estrutura de Zagros divide-se em duas formações mais pequenas: a primeira, um sistema de cristas que forma as cordilheiras costeiras e as colinas interiores de Makran, que continua com uma disposição este-oeste no Paquistão, e a segunda, uma estrutura de dobragem muito divergente, um anticlíneo único e elevado que se situa em frente das costas do Qatar e de Omã, na costa sul do Golfo de Omã. A norte de Makran, há um planalto irregular dominado pela cordilheira Kuh-e Taftan. A estreita cordilheira Kuhe-Basman corre de leste para oeste, ligando as terras altas do Irão oriental aos Zagros e dividindo o Lut central da depressão de Jaz Murian. As espécies registadas nesta região, dentro dos limites do Irão, são as seguintes *Trapelus agilis, Laudakia nupta, Calotes versicolor, Phrynocephalus maculatus, Uromastyx asmussi, Agamura persica, Rhinogecko femoralis, Ophiomorus blanfordi, O. brevipes, O. streeti, Varanus bengalensis, V. griseus....*

A estepe turcomena

Uma pequena porção das planícies do Turquemenistão estende-se dentro das fronteiras iranianas no canto nordeste do país e numa estreita faixa a leste do Mar Cáspio, entre a costa e as montanhas. As espécies encontradas nesta drenagem são: *Trapelus agilis, Laudakia caucasia, L. erythrogastra, Phrynocephalus helioscopus, P.mystacus, Ophisaurus apodus, Eremias grammica, E. intermedia, E. velox, Eumeces schneideri.*

A Estepe Moghan

Esta região, drenada pelo rio Aras, só se encontra dentro dos limites do Irão na parte mais setentrional do Azarbaijão Persa. Esta zona semiárida recebe menos de 200 mm de precipitação anual e está coberta de vegetação de estepe; as montanhas circundantes foram despojadas das suas florestas naturais e a estepe degradada estendeu-se às suas encostas. As espécies de lagartos desta região incluem: *Trapelus lessonae, Ophisaurus apodus, Eremias arguta, Lacerta strigata, Ophisops elegance.*

As montanhas de Alborz

A cordilheira de Alborz, incluindo as colinas de Talysh, estende-se num arco desde Astara, na fronteira da República do Azarbaijão, em torno da extremidade sul do Mar Cáspio, até Jajarm, no Extremo Oriente, numa distância de cerca de 1000 km. Inclui o pico mais alto do Irão, o Monte Damavand, com mais de 5600 m de altitude. As maiores elevações abrigam campos de gelo e glaciares. Na parte oriental da cordilheira existem três cumes principais, com planaltos irregulares entre eles. A fauna desta cordilheira consiste em dois segmentos bastante bem definidos: o das encostas secas do sul e o das encostas muito mais húmidas e arborizadas do norte.

As espécies conhecidas do Alborz são: *Trapelus agilis, T. lessonea, Laudakia caucasia, Phrynocephalus persicus, Anguis fragilis, Ophisaurus apodus, Mabuya aurata, Eremiaspersica, Lacerta strigata...*

O Koppeh Dagh

Este termo é aqui utilizado para abranger a série de dobras alinhadas a noroeste-sudeste, incluindo Gulul Dagh, Allahu Akbar e Hazar Masjid, que continuam a estrutura do Alborz em Khorasan, incluindo Ala dagh, Kuh-e Binalud e Pusht-e Kuh. Estas duas séries de dobras são separadas pela falha e pela calha de descida que contém o rio Atrak. Tecnicamente, a cordilheira de Kopet Dogh propriamente dita, definida de forma mais restrita pelos geógrafos, situa-se inteiramente dentro das fronteiras do Turquemenistão. A fauna das dobras montanhosas mais áridas que se estendem ao longo da fronteira entre o Irão e o Turquemenistão, a leste do Alborz, não foi estudada em pormenor no lado iraniano, uma vez que as rotas que atravessam a fronteira passam a oeste e a leste destas montanhas. O vale de Atrek, relativamente baixo, divide as duas principais dobras da cordilheira e tem sido pouco percorrido por coleccionadores de animais. As espécies conhecidas dentro dos limites do Irão são: *Laudakia caucasia, Phrynocephalus helioscopus, Anguis fragilis, Ophisaurus apodus, Eublepharis turcmenicum, Eremias velox, Lacerta chlorogaster,*

Ablepharus bivittatus, A. pannonicus.

Ilhas do Golfo Pérsico

As ilhas ao longo do lado iraniano do Golfo Pérsico representam estruturas anticlinais de Zagros (Kassler, 1973). Quase nada se sabe sobre a fauna destas ilhas, a maioria das quais se situa perto da costa iraniana. Um estudo cuidadoso destas ilhas pode dar resposta a questões sobre as distribuições anteriores ao longo das costas do golfo. Os poucos lagartos conhecidos destas ilhas e alguns deles são aqui enumerados, com a ilha de onde foram retirados entre parêntesis: *Bunopus tuberculatus* (Jazireh-ye Tanbe-e Bozorg), *Pristurus rupestris* (Jazire-ye Kharg; Qeshm), *Acanthodactylus micropholis* (ilha Qeshm), *Mesalina brevirostris* (ilha Qeshm; Jazireh-ye Tanbee Bozorg), *Mesalina watsonana* ou *M. guttulata* (Jazireh-ye Hangam) (Anderson, 1999). Os anfíbios e répteis desta ilha foram enumerados por Gallagher (1971), incluindo os seguintes lagartos *Trapelus jayakari, Uromastyx aegyptius, Bonopus tuberculatus, Hemidactylus flaviviridis, H.persicus, Cyrtopodion scabrum, Pristurus rupestris, Stenodactylus arabicus, S. slevini, S. khobarensis, Acanthodactylus schmidti, Mesalina brevirostris, Scincus scincus conirostris, Mabuya aurata septemtaeniata* e um registo de observação duvidoso para U. thomasi.

CAPÍTULO 2

Sistemática, distribuição, variação geográfica e história natural de *Trachylepis vittata* (Olivier, 1804) no planalto iraniano ocidental

Introdução

Espécie *Trachylepis vittata*, também conhecida por Calango. Foi identificada pela primeira vez em 1804 por Olivier. A localidade-tipo desta espécie são as areias a oeste de Rosetta, Egito. Os nomes sinónimos de *T. vittata* são *Euprepes vittatus* (Olivier, 1804), *Eutropis vittata* (Olivier, 1804), *Hermites vittatus* (Olivier, 1804), *Mabuia vittata* (Olivier, 1804), *Mabuya vittata* (Olivier, 1804), *Scincus vittatus* (Olivier, 1804). Neste capítulo, debatemos a taxonomia e a distribuição de *T. vittata* nas províncias de Kermanshah, Lorestan e Ilam. É apresentado um resumo da história natural, do estado de conservação e do habitat desta espécie. A fim de avaliar a variação morfológica de *T. vittata* entre três populações geográficas diferentes, foram recolhidos espécimes em diferentes localidades no oeste do Irão.

Distribuição

A T. vittata está amplamente distribuída nas costas mediterrânicas do Norte de África, Argélia, Chipre, Rodes, Egito, Turquia, Líbano, Irão ocidental, Jordânia, Israel, Síria e Iraque. De acordo com os nossos conhecimentos actuais, esta lagartixa tem uma distribuição limitada no Irão ocidental, nas províncias de Kermanshah (34°23'N - 45°55'E, 645 m), Lorestan (33°07'N - 47°43'E, 688 m) e Ilam (33°09'N - 47°22'E, 643 m). Registámos *T. vittata* em 40 localidades. É apresentado um mapa de distribuição de *T. vittata* no Planalto Iraniano Ocidental (Fig. 2.1). Com base em todos os dados disponíveis, *a Trachylepis vittata* ocorre a altitudes superiores a 400 m. Por exemplo, os nossos espécimes foram recolhidos durante o trabalho de campo de março a agosto de 2011 em Poldokhtar; regiões meridionais de Lorestan, Darreh shahr; regiões orientais de Ilam e da província de Kermanshah até às cidades ocidentais de Sarpol-e zahab e Qasr-e Shirin. A sua ocorrência nas regiões setentrionais da província de Khuzestan é provável, mas, até à data do presente estudo, a existência de *T. vittata* não foi registada nas províncias adjacentes. Com base em todas as informações disponíveis, sugere-se que a formação e a elevação das montanhas Zagros no Mioceno tardio e no Plioceno inicial desempenharam um papel importante na limitação desta espécie no oeste do Irão.

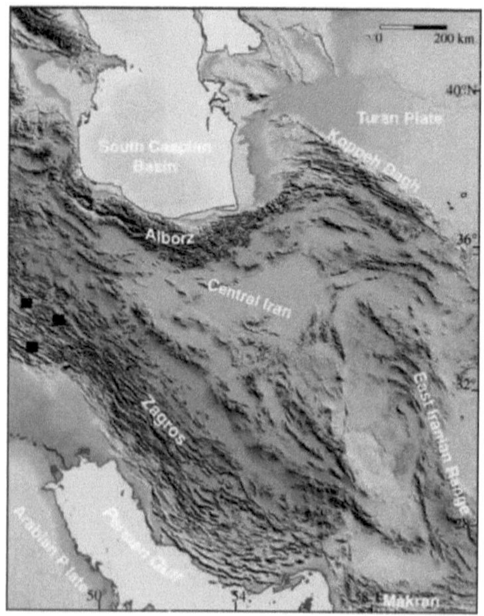

Figura 2.1. Localidades de recolha no Irão ocidental, para *Trachylepis vittata*.

Além dos registos iranianos de *T. vittata,* os dados da Turquia sugerem que a espécie está amplamente distribuída nas regiões sul e sudoeste do país, embora os registos de *T. vittata* estejam limitados à parte central da Turquia (Werner, 1898; Werner, 1902; Bird, 1936; Mertens, 1952; Budak, 1973; Baran, 1977; Özdemir et al., 2001; Kumlutas et al., 2004; Afsar e Tok, 2011). Adquirimos poucos dados sobre esta espécie do Médio Oriente e do Norte de África através do Museu de História Natural de Londres (BMNH), tendo os espécimes do BMNH sido obtidos entre 1864 e 1987 em toda a área de distribuição da espécie. Todos estes registos mostram que existe um hiato entre as populações do oeste do Irão e do norte do Iraque e a população do leste do Mediterrâneo na Síria e em Israel, mas existe um corredor para a dispersão das populações da espécie, que são as áreas da Turquia. De acordo com os nossos dados (Fig. 2.2), alguns registos da espécie na Turquia podem unir as populações iranianas e sírias. No entanto, os registos em África mostram que as condições ambientais para a espécie podem ser muito piores e as populações serão isoladas gradualmente.

Figura 2.2. Mapa da distribuição de *Trachylepis vittata* no mundo, estando a maior parte concentrada no Médio Oriente e Norte de África.

Taxonomia

O estatuto taxonómico de *T. vittata* é avaliado através de várias caraterísticas morfológicas que, no entanto, podem separar três espécies de *Trachylepis*: *T. septemtaeniata,* o pisco do sul tem 60 - 62 escamas nas gulares mais as ventrais. Os escudos parietais não estão em contacto, estão separados por interparietais. As escamas nucais são lisas. 32 - 38 filas de escamas corporais à volta do meio do tronco. 4º dedo do pé com 16 - 22 lamelas subdigitais. *T. septemtaeniata* e *T. aurata* têm propriedades mais semelhantes, embora sejam diagnosticadas por uma faixa larga escura com manchas brancas no flanco. Além disso, *T. aurata,* o pato-preto da Transcaucásia, tem 65 - 72 escamas nas gulares e nas ventrais. *T. vittata* difere das outras duas espécies por ter três caracteres óbvios: Escamas nucais quilhadas, parietais geralmente em contacto atrás das interparietais e uma faixa vertebral clara com cerca de uma escama de largura.

Descrição das espécies

Tamanho do corpo

Os adultos da espécie *Trachylepis vittata* medem cerca de 90 mm de CRC e 145 mm de CP. O tamanho da cabeça e do corpo apresenta um ligeiro dimorfismo sexual entre sexos, sendo maior nas fêmeas adultas. O comprimento do focinho e da cauda (CPV) foi medido nos juvenis no primeiro dia em que foram registados, com cerca de 32 mm de CPV e 43 mm de CP.

Forma do corpo

A lagartixa-do-brejo é um lagarto diurno altamente polimórfico (Van Der Winden, 1995). Tem uma cabeça mais pequena e um corpo mais estreito do que a *T. aurata*. É uma espécie escavadora e tem uma cabeça em forma de cone e um corpo cilíndrico e robusto que é utilizado para escavar o solo. A cauda diminui gradualmente de espessura na extremidade, a autotomia da cauda é bem desenvolvida e a cauda regenerada permanece curta. Dentes pterigóides minúsculos; abertura auricular relativamente pequena, redonda com 2 a 3 lóbulos, tímpano moderadamente afundado, palatinos em contacto mesial, dentes pleurodontes, dígitos tendencialmente cilíndricos e bastante rectos e garras mais recurvadas. Este táxon não possui colarinho e seu pescoço é curto.

Escamação na cabeça e no corpo

As escamas gerais do corpo parecem lisas e brilhantes e, tal como as escamas dos peixes, são sobrepostas e semicirculares. As escamas do corpo são aproximadamente iguais em tamanho. Escamas grandes na cabeça. As escamas rostral e frontonasal estão separadas pelas supranasais. Quatro supra-oculares, apenas as escamas da segunda e terceira supra-oculares em contacto com as frontais. Sem fileira contínua de grânulos (grânulos supraciliares) entre o supraocular e o supraciliar. Sem occipital; sem pós-nasais. Escamas nucais quilhadas; narina dentro de uma única placa. Pálpebra inferior com disco indiviso, mais ou menos transparente. As pré-frontais geralmente não estão em contacto; as parietais geralmente em contacto atrás das interparietais (Anderson, 1999). Sete supralabiais, o quinto em contacto com a órbita. Há três escudos de queixo de cada lado. Normalmente 32, raramente 30, 31 ou 33 filas de escamas quilhadas à volta do meio do tronco. 59 - 66 gulares mais ventrais contadas do pós-mental ao respiradouro; 4º dedo do pé com 16 - 18 lamelas subdigitais, 8 - 9 filas longitudinais de ventrais; as escamas pré-anais são geralmente grandes e delimitadas por um semicírculo de escamas mais pequenas (Fig. 2.3).

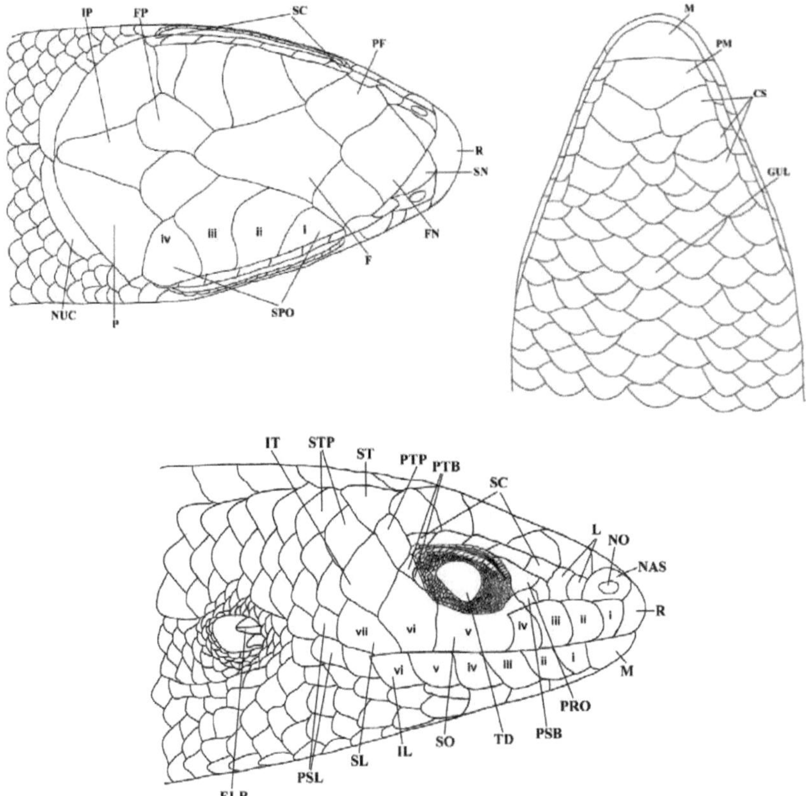

Figura 2.3. Escalação da cabeça em *Trachylepis vittata. a,* vista dorsal; *b,* vista ventral; *c,* vista lateral. CS, chin shields; ELB, ear lobules; FN, frontonasal; F, frontal; FP, frontoparietal; GUL, gulars; IL, infralabials; IP, interparietal; IT, infratemporal; L, loreals; M, mental; NAS, nasal; NO, nostril; NUC, Nuchals; P, parietals; PF, prefrontals; PRO, preocular; PSB, pré-subocular; PSL, pós-supralabiais; PTB, pós-suboculares; PTP, temporais primários; PM; pós-mentais; R, rostral; SC, supraciliares; SL, supralabiais; SN, supranasais; SO, suboculares; SPO, supraoculares; ST, supratemporais; STP, temporais secundários; TD, disco transparente indiviso.

Padrão de cores

Nos espécimes vivos, são muito variáveis na cor. A cor do solo é cinzenta, azeitona clara e escura, fulvo e o abdómen é branco opaco ou branco-amarelado, sem maculações. A zona dorsal apresenta uma faixa vertebral de cor viva, com cerca de uma escama de largura, orlada de manchas negras interrompidas, que se estende desde a zona do pescoço até perto do ânus. Uma banda dorsolateral estreita e clara (meia escama de largura), orlada de manchas pretas de cada lado do corpo, ao mesmo nível que a banda vertebral, começa e continua até ao ânus. Nos flancos, por baixo da órbita, é visível uma faixa mediana clara, orlada de traços longitudinais pretos. Cabeça, cauda e membros anteriores e posteriores da mesma cor que o dorso, com traços negros estreitos. Em alguns exemplares, as três bandas dorsais e laterais e os traços pretos são ligeiramente distinguíveis. Encontrámos todas as variações de padrão em ratos de uma única localidade. Nos machos e nas fêmeas de *T. vittata* não se registaram diferenças na coloração e no padrão de cores. A cor e o padrão dos adultos quase não diferem dos juvenis. Os juvenis não possuem traços longitudinais pretos e manchas na cabeça, membros anteriores e posteriores e cauda. Além disso, a cor do solo destes membros é laranja claro fulvo. A região dorsal é cor de azeitona brilhante com três riscas, que também existem nos adultos. As riscas começam na nuca como pálidas e na zona média do corpo tornam-se mais evidentes e continuam até à cauda (Fig. 2.4).

Figura 2.4. Vista dorsal de *Trachylepis vittata* mostrando a cor e o padrão.

Habitat e ecologia

Esta lagartixa habita bancos, arbustos e sebes e raramente ocorre em torno de rochas, a não ser que esteja escondida (Clark e Clark, 1973). Schmidtler e Schmidtler (1972) encontraram esta lagartixa pela primeira vez no Irão, numa encosta oriental seca, quase desprovida de vegetação, perto do limite norte do crescimento das palmeiras. Recolheram *Laudakia nupta, Trapelus lessonae, Asaccus elisae, Coluber rhodorhachis, Pseudocyclophis persica, Natrix tessellata* e *Leptotyphlops hamulirostris* no mesmo habitat (Anderson, 1999). *A Trachylepis vittata* estava completamente ativa a uma temperatura do ar de 16 a 20°C, embora não tenha sido encontrada fora do esconderijo abaixo dos 14°C (Clark e Clark, 1973). Durante o trabalho de campo, com base nas temperaturas medidas, esta lagartixa estava ativa numa gama de temperaturas de 17 a 40°C na primavera e também era mais vista nos relógios perto do pôr do sol. Encontrámos esta espécie numa grande variedade de habitats. O seu habitat era próximo de zonas húmidas, em solos macios e húmidos com vegetação arbustiva como *Carthamus tinctorius, Glycyrrhiza glabra, Sinapis arvensis, Cynodon dactylon, Alhagi maurorum,* mas também ocorre em solos com vegetação anual de Gramíneas, jardins de fruta, orlas de sebes e ao longo das margens de pequenos riachos (Fig. 2.5).

Figura 2.5. Habitats de *Trachylepis vittata* nas montanhas Zagrous, no oeste do Irão.

A T. vittata alimenta-se de insectos e invertebrados. De acordo com observações exaustivas na natureza, conteúdo estomacal e excrementos, alimenta-se de escaravelho, borboleta, gafanhoto, mosca e vespa e também, provavelmente, de algum material vegetal. Com base no nosso trabalho de campo, os espécimes foram observados na natureza e mantidos em laboratório, sendo provável que a gravidez tenha começado entre finais de abril e finais de julho. Os membros desta espécie são extremamente ágeis e, ao mais pequeno movimento, escondem-se no interior das plantas ou deslizam para fendas no solo (Fig. 2.6). Sendo ovovivíparas, as fêmeas dão à luz 1 a 4 crias (Baran e Atatur, 1998). Vinte e uma das 24 fêmeas definitivamente sexadas continham ovos, o mais pequeno com 4 mm de diâmetro e o maior com 9x6 mm. A maioria tinha cerca de 8,5x5,5 mm, embora alguns fossem esféricos com diâmetros de 5 a 6,5 mm (Clark e Clark, 1973). Durante a muda de *T. vittata,* a pele após separação do corpo, sai na parte posterior do corpo, incluindo pernas e cauda como roupa e na parte anterior do corpo, grandes manchas de pele foram removidas e esta espécie separou restos de pele da sua cabeça puxando-a para o chão. Nesta espécie, a muda ocorre quase uma vez por mês. Nos exemplares recém-nascidos, a muda ocorre nas primeiras horas após o nascimento (Fig. 2.7).

Figura 2.6. Camuflagem de *Trachylepis vittata* em cativeiro.

Figura 2.7. Desprendimento de espécimes recém-nascidos em *Trachylepis vittata*.

Ameaça(s) grave(s)

Os inimigos naturais da *T. vittata* são principalmente as cobras e as raposas, mas devido à sua grande velocidade e vigilância, a probabilidade de ameaça por parte dos inimigos naturais é muito pequena. A principal ameaça para esta espécie são os seres humanos. O habitat desta espécie é próximo dos habitats humanos. Consideramos que a maior ameaça para esta espécie é a degradação do habitat pelo homem. Do ponto de vista da IUCN, não parece haver grandes ameaças para esta espécie muito comum. As populações podem ser afectadas localmente pela conversão de terras para a agricultura ou pela perda de habitat para o desenvolvimento do turismo. Existe alguma recolha comercial desta espécie no Egito (Bohme, 2009).

Informação geográfica da zona de estudo

Kermanshah: Kermanshah está localizada na região das montanhas Zagros, no oeste do Irão, a 47' 7" de longitude leste e 34' 19" de latitude norte. Situa-se a 1322 metros acima do nível do mar e está localizada no rio Ghareh Soo. Uma das caraterísticas mais impressionantes da formação e evolução de Kermanshah é a sua localização numa planície fértil. Esta planície serve de centro para as planícies férteis circundantes, como Mahidasht, Sanjabi, Miyan Darband e Bala Darband. Assim, a cidade transformou-se num armazém para os produtos excedentários da região, o que resultou no desenvolvimento desta cidade em diferentes épocas. Além disso, a planície de Kermanshah está situada na estrada de trânsito entre o planalto iraniano e a

Mesopotâmia e desempenhou sempre um papel especialmente importante nos transportes. Em geral, as caraterísticas ambientais prósperas e convenientes da planície de Kermanshah tiveram um papel fundamental na formação e desenvolvimento da cidade. A cidade é o centro da província de Kermanshah, com uma área de 24.434 quilómetros quadrados. Está limitada a norte pelas províncias do Curdistão, a sudoeste por Elam, a sudeste por Lorestan, a leste por Hamedan e a oeste pelo Iraque. A cidade de Kermanshah, a maior cidade desta província a oeste, é considerada uma das 10 principais e mais populosas cidades do país, com uma população de quase 800 000 pessoas (até outubro de 2006) e uma área de mais de 10 000 hectares no centro-oeste do Irão (Mohammadi e Khayambashi, 2014).

O clima das terras altas é ameno no verão e frio no inverno, com fortes nevões; apenas a faixa ocidental da província pertence ao clima quente. As temperaturas médias na cidade de Kermanshah são aproximadamente 0°C em janeiro e 26°C em julho. Os ventos que sopram do Mar Mediterrâneo transportam nuvens de chuva, com uma precipitação anual de até 70 cm nas terras altas e cerca de 40 cm na cidade de Kermanshah - aproximadamente o dobro da precipitação em Teerão. As árvores nativas incluem olmos, carvalhos, sicómoros e coníferas nas terras altas, e plátanos, salgueiros e choupos nas planícies. Os sopés e as planícies costumavam ser cobertos por florestas de arbustos e árvores, especialmente no sul da província. No entanto, as florestas diminuíram consideravelmente, de uma área original estimada em 800 000 ha, em resultado da intervenção humana. Kermanshah era conhecida por ter uma vida selvagem rica em veados, cabras e ovelhas selvagens, javalis, leopardos e raposas, mas grande parte da fauna nativa sobrevive apenas na memória de caçadores idosos. As aves, por outro lado, parecem ter tido melhores hipóteses de sobrevivência (Borjian, 2014).

Sarpole Zahab: Zona de Sarpole Zahab, 971 km^2 , Longitude 54°52', Atitude 34°24', Elevação 550 metros, precipitação 500 mm, Temperatura máxima 44,8°C, Temperatura mínima 3,4°C (Telmadarraiy, 2007).

Pol-e-Dokhtar: Pol-e-Dokhtar, no sudoeste da província de Lorestan, Irão. A área de estudo estende-se por cerca de 450 km2 com uma altitude média de cerca de 680 m e um declive médio de cerca de 26%. Esta região faz também parte da sub-bacia de Karkheh e da bacia de Kashkan, com latitude de 33°3' a 33°15' e longitude de 47°29' a 47°44'. O clima desta região é árido a semiárido, com uma temperatura média dos meses mais frios (janeiro) e mais quentes (agosto) de cerca de 9,8°C e 36,2°C, respetivamente, uma precipitação média anual de cerca de 410 mm e 35% de humidade relativa (Alijani, 1995). A região de estudo é coberta por pastagens e carvalhais esparsos, terras agrícolas dispersas (de sequeiro e irrigadas) e alguns afloramentos rochosos nas partes centrais.

O tipo de vegetação mais predominante é o *Astragalus amygdalus*, que pertence às regiões áridas. Também foram observados outros tipos como *Festuca, Teucrium poliu, Euphorbia* e *Annualgrass sp.* (Danesh, 2010).

Darreh Shahr: A província de Ilam está situada no sudoeste do Irão. Esta província está rodeada pela província de Kermanshah a norte, pela província de Lorestan a leste, pela província de Khuzestan a sul e pelo Iraque a oeste. O condado de Darreh Shahr, com uma área de 1480 km^2 e coordenadas de 33°7' N e 47°21' E, e uma altitude de 650 m acima do nível do mar, fica a 142 km da cidade de Ilam, a capital da província. Este condado tem um clima tropical com Verões longos e quentes e Invernos curtos e temperados. As temperaturas mais altas e mais baixas em 2012 foram registadas em 42 e -6°C, respetivamente. O condado de Darreh Shahr tem uma população de 56346 habitantes (Sharifinia et al., 2014).

Variação geográfica em *Trachylepis vittata* (Olivier, 1804) nas montanhas Zagros, no Irão ocidental

Introdução

Os estudos da variação geográfica dentro e entre taxa estreitamente relacionados forneceram informações cruciais sobre a natureza das espécies e o processo de especiação (Mayr, 1963). Os estudos da heterogeneidade morfológica espacial têm interesse do ponto de vista da adaptação, uma vez que as diferenças na morfologia são provavelmente funcionais ou, pelo menos, têm consequências na aptidão e na ecologia. Uma análise adequada da variação morfológica requer uma avaliação independente das relações filogenéticas dos morfotipos (por exemplo, Losos, 1990). A distribuição de organismos individuais é determinada pelo seu sucesso em assegurar as suas necessidades nutricionais, fisiológicas e comportamentais nos habitats locais, que são afectados pela variação geográfica do clima e da topografia. Acredita-se que as barreiras geográficas entre populações disseminadas podem impedir o fluxo de genes entre populações. Na ausência de fluxo genético, diferentes áreas geográficas podem dar origem a processos de variação distintos para qualquer população isolada. Uma revisão da literatura mostra vários exemplos de divergência em caracteres ecológicos, fisiológicos e morfológicos que ocorrem entre populações geográficas (Mozaffarian et al., 2007). O ranger de dentes, *Trachylepis vittata*, é um ranger de dentes finamente distribuído no oeste do Irão, nas províncias de Kermanshah, Lorestan e Ilam. Neste estudo, discute-se a variação geográfica da morfologia em três populações distintas de *T. vittata* do Irão ocidental.

Materiais e métodos

O presente estudo baseia-se num extenso trabalho de campo, desde o início da primavera até ao final do verão de 2011, para a recolha de *Trachylepis vittata* em todo o Irão ocidental. Foi recolhido um total de 48 espécimes nas províncias de Kermanshah (18 fêmeas e 11 machos), Ilam (7 fêmeas e 6 machos) e Lorestan (4 fêmeas e 2 machos). Os espécimes recolhidos foram registados por GPS. A biometria e os caracteres morfológicos importantes dos espécimes recolhidos foram registados e os espécimes foram depois libertados nos seus habitats. Cada espécime foi medido para 38 caracteres quantitativos, dos quais nove eram merísticos e 29 eram morfométricos (Quadro 2.1). As medidas dos caracteres métricos foram registadas com uma aproximação de 0,01 mm, utilizando um paquímetro digital. Todas as medidas estão em milímetros. As análises estatísticas foram efectuadas utilizando o programa SPSS versão 16.0 e S-Plus 8.0. Os padrões de dimorfismo sexual foram inicialmente examinados para machos e fêmeas individuais pelo *teste t de* amostras independentes e, em seguida, a ANOVA de um caminho (LSD-Test) e a Análise de Componentes

Principais (PCA) foram utilizadas para explorar os padrões de variação geográfica em caracteres morfológicos entre três populações de *T. vittata*.

Tabela 2.1. Caracteres morfológicos de *Trachylepis vittata* de três províncias do Irão ocidental.

	Character	Definition
	SVL	Length of snout to vent (from tip of snout to anterior edge of cloaca)
	HL	Head length (from tip of snout to anterior edge of tympanum)
	HW	Head width (at the widest point of head)
	HH	Head height (from lower edge infralabial to tip of supraocular)
	LFL	Length of forelimb
	LHL	Length of hindlimb
	LE	Length of eye (from anterior corner to posterior corner of eye)
	NED	Nostril-eye distance (from anterior corner of eye to posterior edge of nostril)
Morpometric	EED	Eye-ear distance (from the posterior corner of eye to anterior edge of tympanum)
Characters	IORD	Interorbit distance (between anterior corner of orbit)
	NL	Neck length (from the posterior edge of tympanum to anterior edge of shoulder)
	ORD	Orbit diameter
	SW	Snout width
	LFE	Length of femur
	LA	Length of arm
	TD	Tympanum diameter (largest size)
	TOL	4th toe Length
	FIL	4th finger Length
	MSOL	Maximum of Length of subocular
	SEL	Length of snout to eye
	LFO	Length of forearm
	LHF	Length between hindlimb and forelimb
	LCL	Length of cloaca
	HHL	Length between hindlimbs
	FFL	Length between forelimbs
	IPW	wide of Interparietal
	PW	Parietal width
	PL	Parietal length
	FIPL	Length frontal to Interparietal (from anterior corner of frontal to posterior corner of Interparietal)
	SDLT	Subdigital lamellae under the forth toe
	SDLF	Subdigital lamellae under the forth finger
	NSL	Number of supralabials
	NIL	Number of infralabials
Meristic	NDS	Number of dorsal scales around body
Characters	NMC	Number of scales from mental to anterior edge of cloaca
	NVS	Number of ventral scales (from gular to anterior edge of cloaca)
	RVS	Row of ventral scales (in longitudinal rows)
	NEE	number of scales between posterior corner of eye to tip of ear
	LHFi	LHF / SVL
	WHLH	WH/LH

Resultados e discussão

A análise estatística (*teste t de* amostras independentes) foi utilizada em espécimes masculinos e femininos de três populações de *Trachylepis vittata* que mostra uma ligeira separação entre os sexos. As análises foram efectuadas para machos e fêmeas separadamente para evitar problemas estatísticos.

Análises estatísticas para três populações de machos de *T. vittata*

Os resultados da ANOVA descritiva e unidirecional (LSD-Test) revelaram diferenças significativas *(P < 0,05)* em quatro caraterísticas morfométricas e uma merística entre os indivíduos machos das três populações, incluindo HH, TOL, FIL, FIPL, NVS, em que as médias dos caracteres métricos são maiores na população de Kermanshah e as médias do número de escamas ventrais são maiores em Ilam e menores na população de Kermanshah. A análise univariada para os caracteres significativos em três populações de *Trachylepis vittata* é apresentada no Quadro 2.2. A PCA dos caracteres morfológicos nos machos revelou os três primeiros componentes principais 74,85, 14,303 e 6,49% da variação total extraída no primeiro, segundo e terceiro componentes principais, respetivamente. O primeiro componente principal (PC1) foi forte e positivamente carregado para NVS e negativamente para HH e TOL. O segundo componente principal foi forte e negativamente carregado para NVS e TOL. O terceiro componente principal foi forte e positivamente carregado para HH e FIPL (Tabela 2.3).

Tabela 2.2. Descritivo e One way ANOVA (LSD-Test) para caracteres métricos e merísticos significativos de espécimes masculinos em três populações de *T. vittata*.

Personagens	Kermanshah ($N = 8$)		Ilam ($N = 8$)		Poldokhtar ($N = 8$)		Valor F	Valor P
	Gama	média ± DP	Gama	média ± DP	Gama	média ± DP		
HH	6.4 - 7.5	7 ± 0.38	5.2 - 6.9	6.3 ± 0.58	6.3 - 6.6	6.5 ± 0.23	5.9	0.012
TOL	7.4 - 9.3	8.2 ± 0.53	6.7 - 7.7	7.2 ± 0.36	6.5 - 7.5	7 ± 0.67	9.97	0.002
FIL	4 - 5	4.7 ± 0.26	4 - 5	4.3 ± 0.27	4.2 - 4.2	4.2 ± 0.007	4.9	0.021
FIPL	7.3 - 8.3	7.8 ± 0.25	7.1 - 7.8	7.4 ± 0.25	7.5 - 8	7.7 ± 0.33	5.5	0.015
NVS	42 - 43	42.3 ± 0.47	43 - 46	44.3 ± 1.2	42 - 45	43.5 ± 2.1	9.7	0.002

Tabela 2.3. Cargas factoriais para os três primeiros componentes principais de variação (PCsl, 2 e 3) de cinco caracteres morfológicos em machos de *T. vittata*. As variáveis que carregam fortemente em cada componente principal são destacadas com um asterisco.

Personagens	PC1	PC2	PC3
HH	*-0.279	0.01	*0.777
TOL	*-0.284	*-0.911	-0.171
FIL	-0.069	-0.281	0.323

FIPL	-0.075	0.002	*0.45
NVS	*0.912	*-0.302	0.245
Valor próprio	1.38	0.603	0.407
Percentagem de variação	74.85	14.303	6.49
Percentagem acumulada	74.85	89.16	95.65

Análises estatísticas para três populações de fêmeas de *T. vittata*

Além disso, nas populações femininas, com base em análises descritivas e ANOVA, a variação de LFL, SW, LFO, SDLF é estatisticamente significativa $(P < 0{,}05)$ entre três populações. As médias dos caracteres métricos são maiores na população de Kermanshah e as médias de SDLF são menores na população de Kermanshah e maiores na população de Ilam (Tabela 2.4).

Tabela 2.4. Descritivo e One way ANOVA (LSD-Test) para caracteres métricos e merísticos significativos de espécimes femininos em três populações de *T. vittata.*

Personagens	Kermanshah $(N=8)$		Ilam $(N=8)$		Poldokhtar $(N=8)$		Valor F	Valor P
	Gama	média ± DP	Gama	média ± DP	Gama	média ± DP		
LFL	16.9-20.3	18.7 ± 0.8	16.6-19.3	17.8 ± 0.91	16-19.3	17.3 ± 1.5	5.1	0.013
SW	3.8 - 4.8	4.3 ± 0.26	3.8 - 4.3	4.05 ± 0.18	4 - 4.4	4.1 ± 0.18	3.7	0.037
LFO	11 - 13.4	12.3 ± 0.50	11 - 12.6	11.7 ± 0.50	11- 12.3	11.5 ± 0.69	4.9	0.015
SDLF	10 - 12	11.1 ± 0.68	12 - 12	12 ± 0.00	11 - 12	11.2 ± 0.50	6.1	0.007

Caracteres morfológicos em fêmeas, a análise de componentes principais (PCA) revelou os três primeiros componentes principais 74,02, 20,91 e 2,91% da variação total extraída no primeiro, segundo e terceiro componentes principais, respetivamente. Destes, o primeiro componente principal (PC1) foi forte e negativamente correlacionado com LFL e positivamente para SDLF. O segundo componente principal (PC2) foi forte e negativamente correlacionado com SDLF e LFL. O terceiro componente principal foi forte e positivamente correlacionado com SW e negativamente com LFL (Tabela 2.5).

Tabela 2.5. Cargas factoriais para os três primeiros componentes principais de variação (PCs1, 2 e 3) de cinco caracteres morfológicos em fêmeas de *T. vittata.* As variáveis que carregam fortemente em cada componente principal são destacadas com um asterisco.

Personagens	PC1	PC2	PC3
LFL	*-0.867	-0.147	-0.406

SW	-0.105	-0.024	*0.677
LFO	-0.46	-0.057	0.614
SDLF	0.158	*-0.987	0.009
Valor próprio	1.2	0.64	0.24
Percentagem de variação	74.02	20.91	2.91
Percentagem acumulada	74.02	94.93	97.85

Neste estudo, a variação dentro de *Trachylepis vittata* nas três populações do Irão ocidental não é claramente discernível; não mostra um padrão muito claro de variação geográfica dentro da sua área de distribuição, mas as análises estatísticas propõem uma ligeira diferenciação entre as populações do planalto iraniano ocidental e foi observada a existência de várias diferenças significativas para as populações de machos e fêmeas separadamente. Os nossos resultados para *T. vittata* mostram que a existência de variação geográfica é atribuída à variação em componentes genéticos e ambientais. A variação geográfica entre as populações deve-se provavelmente à seleção natural que provoca a divergência genética. Diferentes efeitos ambientais (clima, temperatura, vegetação, geologia, etc.) influenciam os factores genéticos que podem causar variações geográficas na morfologia externa. A variação geográfica pode estar relacionada com algumas diferenças interpopulacionais em *T. vittata*. Não existe variação geográfica no padrão de coloração entre três populações do Irão ocidental.

CAPÍTULO 3

Dimorfismo sexual em *Trachylepis vittata* (Olivier, 1804) (Sauria: Scincidae) nas montanhas Zagros, Irão ocidental

Introdução

O dimorfismo sexual, definido como uma diferença fenotípica entre machos e fêmeas de uma espécie, é um fenómeno comum nos animais, incluindo os répteis (Aghili et al., 2010). A grande maioria dos estudos comparativos sobre dimorfismo sexual centrou-se apenas no dimorfismo de tamanho, sendo relativamente poucos os que examinam a variação na forma (Selander, 1966; Andersson, 1994; Fairbairn, 1997). Contudo, não há razões para crer que o dimorfismo da forma seja menos importante do que o dimorfismo do tamanho (Butler e Losos, 2001). O dimorfismo sexual de tamanho (SSD) descreve a situação em que os dois sexos diferem nos valores medidos dos caracteres morfométricos (Aghili et al., 2010). A seleção que favorece as diferenças intersexuais na forma do corpo pode resultar de diferenças entre os sexos em termos de ecologia (partilha de nichos entre os sexos), comportamento (comportamento territorial ou de escolha do parceiro) ou reprodução (diferenças fisiológicas ou anatómicas relacionadas com custos ou papéis reprodutivos diferentes [Darwin, 1859, 1871]). As diferenças sexuais na ecologia (alimento e/ou habitat) associadas ao dimorfismo de forma são conhecidas em muitos répteis (e.g., Schoener, 1967, 1968; Schoener e Gorman, 1968; Lister, 1970; Schoener et al., 1982; Hebrard e Madsen, 1984; Powell e Russell, 1984; Shine, 1991; Vitt et al., 1996). O comportamento pode influenciar o dimorfismo através da operação de seleção sexual, que pode resultar num exagero das proporções corporais num dos sexos, geralmente os machos (Butler e Losos, 2001). Anderson e Vitt (1990) sugerem que as causas do dimorfismo sexual no tamanho podem estar relacionadas com vários factores: competição entre machos, mortalidade diferencial entre sexos devido a diferenças na longevidade, maior quantidade de energia alocada pelas fêmeas para a reprodução, ou o facto de os machos serem mais activos porque precisam de procurar fêmeas e, assim, terem um maior risco de predação (Verrastro, 2004; Fathinia e Rastegar-Pouyani, 2011). Os lagartos, em particular, oferecem a oportunidade de estudos comparativos e são um bom modelo para estudar a evolução da SSD, porque este grupo apresenta uma variação notável tanto na direção como na magnitude da SSD (Cox et al., 2003). Os lagartos machos e fêmeas podem diferir em muitos traços, como coloração, forma do corpo e tamanho (Pinto et al., 2005;

Ribeiro et al., 2010). Na maioria dos lagartos, os machos são maiores do que as fêmeas, embora a SSD com viés feminino seja comum e ocorra em quase todas as famílias. O SSD tendencioso para os machos atinge extremos em que os machos são, em média, 50% mais compridos do que as fêmeas em alguns anóis poliquetas *(Anolis),* tropidurídeos *(Tropidurus),* iguanas marinhas *(Amblyrhynchus)* e lagartos-monitores varanídeos *(Varanus)* (Fairbairn et al., 2007). Em contraste, as fêmeas excedem os machos em até 20% em alguns poliquetas (*Polychrus*), skinks *(Mabuya)* e pigopodídeos *(Aprasia)* (Fairbairn et al., 2007). Na maioria dos répteis, o número de crias numa ninhada aumenta com o tamanho do corpo materno, pelo que a seleção para o aumento da fecundidade deve favorecer o aumento do tamanho do corpo da fêmea (Fairbairn et al., 2007). *Trachylepis vittata* é uma espécie rara no planalto iraniano ocidental, e há pouco conhecimento sobre o dimorfismo sexual deste táxon no Irão. O principal objetivo deste estudo é investigar o dimorfismo sexual da espécie em apreço.

Materiais e métodos

Estudo de campo

Descrevemos o dimorfismo sexual em termos de coloração, tamanho e forma em 48 espécimes (19 machos e 29 fêmeas) da lagartixa-do-brejo, recolhidos em diferentes localidades das regiões ocidentais do planalto iraniano durante março-agosto de 2011 (Tabela 3.1). Após exame, os espécimes foram libertados em habitats semelhantes na mesma região. Os juvenis foram claramente distinguidos dos adultos com base no seu padrão de coloração; não foram utilizados para este estudo. Apenas os espécimes totalmente adultos foram utilizados neste estudo (Fig. 3.1). Foram medidos 38 caracteres métricos e merísticos (ver Tabela 3.2 para todas as abreviaturas). A medição dos caracteres métricos foi efectuada com um paquímetro digital (precisão de 0,01 mm).

Quadro 3.1. Detalhes geográficos das localidades de estudo de *Trachylepis vittata* no Irão ocidental.

Localidade	Coordenadas geográficas	Altitude, m
Kermanshah	34°18'N, 047°03'E	1437
Sarpol-e zahab	34°23'N, 045°55'E	645
Darreh shahr	33°09'N, 047°22'E	643
Poldokhtar	33°07'N, 47°43'E	688

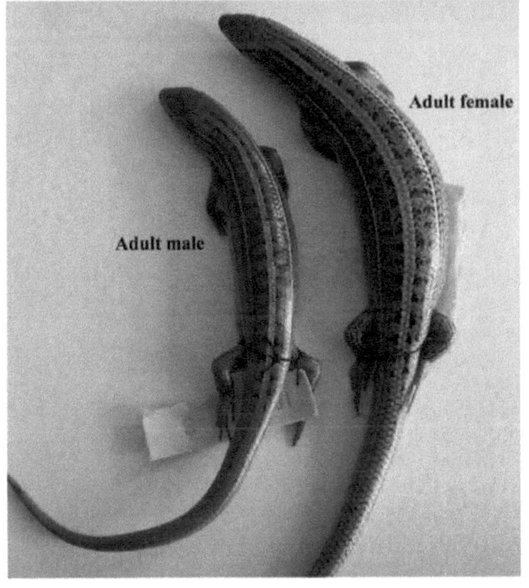

Figura 3.1. *Trachylepis vittata* da cidade de Darreh Shahr, província de Ilam, Irão ocidental.

Tabela 3.2. Caracteres morfométricos e merísticos examinados em espécimes femininos e masculinos de *Trachylepis vittata.*

	Character	Definition
1	SVL	Length of snout to vent (from tip of snout to anterior edge of cloaca)
2	HL	Head length (from tip of snout to anterior edge of tympanum)
3	HW	Head width (at the widest point of head)
4	HH	Head height (from lower edge infralabial to tip of supraocular)
5	LFL	Length of forelimb
6	LHL	Length of hindlimb
7	LE	Length of eye (from anterior corner to posterior corner of eye)
8	NED	Nostril-eye distance (from anterior corner of eye to posterior edge of nostril)
9	EED	Eye-ear distance (from the posterior corner of eye to anterior edge of tympanum)
10	IORD	Interorbit distance (between anterior corner of orbit)
11	NL	Neck length (from the posterior edge of tympanum to anterior edge of shoulder)
12	ORD	Orbit diameter
13	SW	Snout width
14	LFE	Length of femur
15	LA	Length of arm
16	TD	Tympanum diameter (largest size)
17	TOL	4th toe Length
18	FIL	4th finger Length
19	MSOL	Maximum of Length of subocular
20	SEL	Length of snout to eye
21	LFO	Length of forearm
22	LHF	Length between hindlimb and forelimb
23	LCL	Length of cloaca
24	HHL	Length between hindlimbs
25	FFL	Length between forelimbs
26	SDLT	Subdigital lamellae under the forth toe
27	SDLF	Subdigital lamellae under the forth finger
28	NSL	Number of supralabials
29	NIL	Number of infralabials
30	NDS	Number of dorsal scales around body
31	NMC	Number of scales from mental to anterior edge of cloaca
32	NVS	Number of ventral scales (from gular to anterior edge of cloaca)
33	RVS	Row of ventral scales (in longitudinal rows)
34	NEE	number of scales between posterior corner of eye to tip of ear
35	FIPL	Length frontal to Interparietal (from anterior corner of frontal to posterior corner of Interparietal)
36	IPW	wide of Interparietal
37	PW	Parietal width
38	PL	Parietal length
39	LHFi	LHF / SVL
40	WHLH	WH/LH

Análises estatísticas

Utilizámos os programas SPSS 16.0 e S-Plus 8.0 para efetuar todas as análises. Para cada carácter, foram calculados o tamanho da amostra, o máximo, o mínimo, a média e o erro padrão da média (Tabela 3.3). Na etapa seguinte, realizámos uma análise de componentes principais (PCA) como método exploratório para investigar a variação entre sexos das variáveis morfométricas a nível multivariado. A existência de diferenças significativas entre os sexos para as variáveis examinadas foi então testada através da análise multivariada de variância (MANOVA) com o sexo como fator.

Tabela 3.3. Estatísticas descritivas de caracteres morfológicos de machos e fêmeas em *Trachylepis vittata*

Characters	N		Mean		SEM		Maximum		Minimum	
	♀	♂	♀	♂	♀	♂	♀	♂	♀	♂
SVL	29	19	77.83	70.25	1.16	0.62	90.72	74.90	69.13	65.13
HL	29	19	12.68	12.37	0.13	0.1	14.09	13.14	11.55	11.53
HW	29	19	8.2	7.98	0.13	0.1	9.47	8.77	6.52	7.38
HH	29	19	7.00	6.72	0.09	0.1	8.07	7.50	6.01	5.22
LFL	29	19	18.33	17.86	0.2	0.3	20.35	21.04	16.02	15.97
LHL	29	19	27.19	26.81	0.30	0.3	31.06	28.96	24.30	23.39
LE	29	19	3.22	3.25	0.05	0.08	3.74	4.27	2.64	2.73
NED	29	19	3.44	3.35	0.06	0.1	4.67	4.89	2.89	2.65
EED	29	19	4.37	4.37	0.06	0.06	5.31	4.86	3.94	4.00
IORD	29	19	5.71	5.57	0.05	0.06	6.44	6.01	5.16	5.08
NL	29	19	11.03	10.44	0.22	0.25	14.00	12.56	9.08	8.76
ORD	29	19	2.03	1.99	0.04	0.03	2.46	2.32	1.51	1.75
SW	29	19	4.23	4.06	0.05	0.06	4.84	4.73	3.83	3.68
LFE	29	19	8.35	8.42	0.18	0.23	10.39	9.61	6.87	6.57
LA	29	19	6.3	6.15	0.11	0.17	7.07	8.47	4.79	5.18
TD	29	19	1.51	1.5	0.04	0.04	1.93	1.89	1.07	1.21
TOL	29	19	7.54	7.74	0.13	0.2	9.40	9.33	5.99	6.52
FIL	29	19	4.47	4.5	0.05	0.07	5.01	5.05	3.90	4.05
MSOL	29	19	2.59	2.52	0.04	0.05	3.09	3.35	1.96	2.28
SEL	29	19	5.59	5.44	0.06	0.06	6.54	5.91	4.97	4.99
LFO	29	19	12.03	11.71	0.11	0.13	13.36	12.81	10.67	10.79

LHF	29	19	43.28	36.75	0.77	0.47	54.13	39.59	35.64	33.70
LCL	29	19	7.94	7.16	0.15	0.15	10.89	8.76	6.92	6.24
HHL	29	19	7.19	6.75	0.09	0.11	8.67	7.87	6.47	6.04
FFL	29	19	10.22	9.25	0.17	0.14	12.17	10.72	8.46	7.88
SDLT	29	19	16.48	16.63	0.17	0.17	18.00	18.00	13.00	15.00
SDLF	29	19	11.34	11.63	0.12	0.11	12.00	12.00	10.00	11.00
NSL	29	19	7.00	6.95	0.00	0.05	7.00	7.00	7.00	6.00
NIL	29	19	6.79	6.79	0.1	0.1	8.00	7.00	6.00	6.00
NDS	29	19	31.79	31.79	0.1	0.1	33.00	33.00	30.00	31.00
NMC	29	19	62.07	61.42	0.34	0.46	66.00	65.00	59.00	58.00
NVS	29	19	43.55	43.05	0.3	0.3	48.00	46.00	39.00	42.00
RVS	29	19	8.28	8.26	0.1	0.1	10.00	10.00	8.00	8.00
NEE	29	19	5.21	5.26	0.1	0.1	6.00	6.00	4.00	5.00
FIPL	29	19	7.98	7.69	0.07	0.07	8.96	8.32	7.19	7.15
IPW	29	19	1.99	1.92	0.03	0.04	2.31	2.37	1.75	1.69
PW	29	19	2.86	2.83	0.04	0.04	3.21	3.27	2.45	2.52
PL	29	19	4.00	3.83	0.05	0.04	4.36	4.23	3.46	3.52

Resultados

As medidas morfológicas de 19 machos e 29 fêmeas foram incluídas nas análises. Os parâmetros descritivos dos caracteres morfométricos e merísticos para machos e fêmeas são apresentados na Tabela 3.3. Os resultados da PCA (Tabela 3.4) para os rácios métricos, merísticos e de caracteres mostraram que os primeiros 3 componentes explicam conjuntamente 98,82% da variação total. O primeiro componente principal (PC1) foi responsável por 94,08% da variação e foi forte e positivamente correlacionado com SVL e LHF.

O segundo componente principal representou mais 3,66% da variação total e foi forte e positivamente correlacionado com LHF e negativamente com SVL; finalmente, o PC3 representou 1,08% da variação total e foi forte e positivamente correlacionado com LCL e FFL (Tabela 3.4). Os resultados das análises uni e multivariadas foram consistentes entre si. A ordenação dos 2 primeiros componentes principais para caracteres morfológicos em machos e fêmeas de *T. vittata* é apresentada na Figura 3.2. Como mostrado, há um grau relativamente alto de separação entre machos e fêmeas de *T. vittata*. Além disso, os resultados da MANOVA (caracteres morfológicos como variáveis dependentes, sexo como fator) indicaram efeitos do sexo em HL, EED, LHF e LCL para um determinado tamanho corporal (Wilks' lambda = 0,177) (Quadro 3.5). Esses resultados indicam que o dimorfismo sexual em *T. vittata* é restrito a várias medidas de comprimento. Todas elas apresentaram valores significativamente maiores nas fêmeas.

Tabela 3.4. Cargas factoriais nos três primeiros componentes principais de nove caracteres morfológicos para machos e fêmeas de *T. vittata*. As variáveis com forte carga em cada componente principal são destacadas com um asterisco, e apenas as variáveis significativas são apresentadas.

Personagens	PC1	PC2	PC3
SVL	*0.803	*-0.579	-0.082
SW	0.011	0.025	0.083
LHF	*0.586	*0.806	-0.039
LCL	0.042	0.043	*0.793
HHL	0.035	-0.037	0.324
FFL	0.080	-0.065	*0.490
FIPL	0.031	-0.068	0.098
PL	0.018	-0.055	0.026
LHF/SVL	0.002	0.015	0.000
Valor próprio	4.565	1.266	0.922
%de desvio	94.08	3.66	1.08
Acumulado%	94.08	97.74	98.82

Tabela 3.5. Resultados da análise de variância multivariada (MANOVA) em *T. vittata* para efeitos do sexo como fator nas variáveis dependentes, incluindo caracteres métricos e merísticos. Apenas são apresentados resultados significativos.

Fator	Variável dependente	df	Quadrado médio	F	valor de p
Sexo	HL	1	0.811	4.800	0.034
	EED	1	0.363	5.215	0.027
	LHF	1	31.011	10.481	0.002

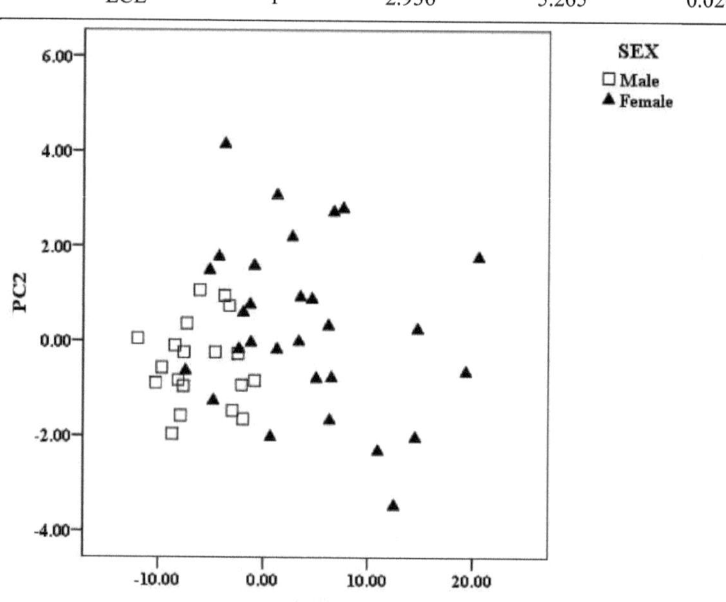

Figura 3.2. Ordenação dos espécimes masculinos e femininos de *Trachylepis vittata* nas duas primeiras componentes principais. Note-se o grau relativamente elevado de separação ao longo da PC1.

Discussão

O rendimento reprodutivo está associado a caraterísticas morfológicas nos lagartos (Xu e Ji, 2006). Darwin (1871) propôs que a seleção natural deve favorecer o tamanho grande do corpo da fêmea quando o tamanho da fêmea está positivamente correlacionado com a fecundidade dentro de uma população, como parece ser o caso da maioria dos lagartos em que o tamanho da ninhada é variável (Cox et al., 2003). Becker e Paulissen (2012) mostraram que as fêmeas de *Scincella lateralis* são maiores (têm maior SVL) do que os machos. Em lagartos, a evolução da viviparidade e a redução da frequência reprodutiva estão geralmente correlacionadas com mudanças em direção a SSD com viés feminino (Fairbairn et al., 2007). A hipótese mais comum avançada para explicar por que razão as fêmeas de répteis são maiores é a seleção da fecundidade, que favorece o aumento do tamanho do corpo das fêmeas para aumentar o tamanho da ninhada e/ou a massa da ninhada (Heideman et al., 2008). Os únicos estudos de que temos conhecimento que abordam esta possibilidade apresentam resultados contraditórios. Johnson (1953) não encontrou qualquer relação entre o CRC das fêmeas e o tamanho da ninhada ou o comprimento dos ovos. No entanto, Brooks (1963), trabalhando com uma gama mais alargada de SVLs femininos, encontrou uma correlação positiva significativa entre o SVL feminino e o tamanho da ninhada (Becker e Paulissen, 2012). Estudos mais recentes mostraram que as diferenças nas dimensões do tronco e da cabeça entre os sexos podem estar presentes mesmo nos casos em que a SSD não está presente - a seleção pode funcionar com base em diferenças individuais de partes do corpo e não no tamanho do corpo como um todo (Schwartzkopf, 2005). O presente estudo confirma que, em *T. vittata,* o comprimento do corpo e o tronco das fêmeas são maiores do que os dos machos. Além disso, os machos tinham corpos mais estreitos do que as fêmeas. Devido à presença de ovoviviparidade em *T. vittata*, é provável que as fêmeas invistam mais energia na produção de filhotes do que os machos, exigindo, portanto, um tamanho corporal maior, o que aumenta a chance de sobrevivência dos filhotes. Por conseguinte, a seleção da fecundidade nas fêmeas de *T. vittata* pode produzir um tronco mais longo e mais largo. Diferenças sexuais na alocação de energia para o crescimento podem resultar de divergências no investimento reprodutivo entre os sexos (Cox et al., 2003; Pinto et al., 2005; Ljubisavljevic et al., 2008; Becker e Paulissen, 2012). A evolução do SSD em lagartos também está associada a diferenças entre sexos no sucesso reprodutivo relacionado com o tamanho do corpo adulto (Cooper e Vitt, 1989; Hews, 1990; Mouton e Van Wyk, 1993).

Os nossos resultados para *T. vittata* mostram que as diferenças no tamanho da cabeça que existem entre machos e fêmeas são provavelmente responsáveis pelas diferenças na força de mordida. As diferenças sexuais no tamanho da cabeça nesta espécie são atribuíveis a diferenças distintas no tamanho das presas entre os dois sexos, na medida em que as fêmeas comem presas maiores do que os machos. Alguns caracteres, como o comprimento frontal a interparietal, o comprimento parietal e a largura do focinho, têm valores mais elevados nas fêmeas do que nos machos. Isto sugere que as fêmeas podem estar adaptadas a consumir presas maiores do que os machos, uma vez que as fêmeas necessitam de mais energia durante a reprodução. No entanto, na ausência de dados comportamentais sobre a força de mordida ou de um estudo trófico pormenorizado que aborde a composição da dieta e o tamanho das presas tanto nas fêmeas como nos machos de *T. vittata*, tanto o investimento reprodutivo como as diferenças alimentares como causas do dimorfismo sexual do tamanho da cabeça permanecem hipotéticos. As diferenças sexuais no tamanho da cabeça estão associadas a diferenças sexuais na força de mordida (Herrel et al., 2006). Os lagartos que são maiores e que têm cabeças mais largas e mais compridas mordem com mais força (Herrel et al., 2006). Assim, as diferenças na dieta podem ser o resultado da seleção natural que leva à redução da sobreposição de nichos entre os sexos (Schoener, 1967). A separação intersexual de nichos, uma estratégia para minimizar a competição por recursos entre machos e fêmeas, foi proposta como causa do dimorfismo sexual no tamanho e na forma do corpo (Schoener, 1967). Os machos *de T. vittata* têm uma área basal da cauda mais espessa do que as fêmeas, provavelmente porque os órgãos de cópula estão localizados na base da cauda. A estrutura da cloaca também é diferente, o que é percetível sob ampliação: os machos têm um comprimento menor da abertura cloacal do que as fêmeas. No entanto, em *T. vittata*, os machos e as fêmeas não apresentaram diferenças claras na coloração e no padrão de cores.

Em resumo, os nossos dados mostram que os machos e as fêmeas de *T. vittata* são ligeiramente dimórficos no tamanho do corpo e da cabeça, e parece provável que tal se deva a diferentes padrões de crescimento (como causa próxima) e/ou a diferenças nas forças de seleção intrasexual ou natural entre os sexos deste táxon. As fêmeas adultas têm corpos maiores e cabeças mais compridas do que os machos adultos. Em *T. vittata*, *a* SSD é influenciada pela seleção da fecundidade e por um maior investimento feminino na reprodução.

CAPÍTULO 4

Osteologia craniana do ranger de pescoço, *Trachylepis vittata* (Olivier, 1804), e sua comparação com *Trachylepis aurata* (Linnaeus, 1758) (Sauria: Scincidae)

Introdução

O crânio dos lagartos é uma estrutura fascinante e complexa que produziu informações abundantes para estudos filogenéticos e funcionais. A nível filogenético, os caracteres do crânio foram utilizados em estudos filogenéticos morfológicos das relações entre lagartos, incluindo os de Estes et al. (1988), Etheridge e de Quieroz (1988) e Moody (1980). A nível funcional, o crânio e a musculatura associada foram estudados no contexto da alimentação (Schwenk, 2000), dos sistemas sensoriais (Cooper et al., 2001) e da seleção sexual (Herrel et al., 1999). Muitas funções do crânio dos lagartos são ainda mal conhecidas e o estudo do crânio dos lagartos é ainda um campo ativo. A anatomia comparativa do crânio entre diferentes taxa de lagartos ou em espécies especiais de lagartos sempre fascinou os biólogos (Herrel et al.,1999; McBrayer, 2004; Bell et al., 2003; Stayton, 2005). Estes estudos centram-se em questões relativas à estrutura básica e aos fundamentos dos organismos, às diferenças entre crânios de diferentes organismos e à origem e razão destas diferenças. Nos répteis e especialmente nos mamíferos, muitos estudos mostram que a morfologia e a mecânica do aparelho mastigatório estão adaptadas à dieta e ao seu hábito alimentar (Herrel et al., 1999). A modelação do sistema mandibular mostra que os animais com uma ecologia alimentar diferente diferem no desempenho do seu sistema de alimentação, ou seja, as espécies herbívoras mordem aparentemente com mais força do que as insectívoras. No entanto, as propriedades fisiológicas dos músculos da mandíbula não são tidas em conta nestes modelos (Herrel et al., 1999).

A morfometria geométrica (ou baseada em pontos de referência) oferece técnicas poderosas para desenvolver morfoespaços e estudar a variação na forma. Estes métodos são úteis em estudos puramente morfológicos ou de base funcional (Adams e Rohlf, 2000). Os contactos entre os ossos, as pontas dos processos, as origens e as ligações dos músculos, a localização das articulações e as pontas dos sistemas de alavanca (como o maxilar inferior) são todos reconhecíveis e facilmente digitalizados. Para além disso, as técnicas de morfometria geométrica permitem a exploração de padrões de um grande número de variáveis: são necessários menos pressupostos prévios sobre quais as variáveis mais importantes. Os estudos morfológicos e funcionais começaram a utilizar alguns métodos morfoespaciais (Montero e Abe, 1999; Adams e Rohlf, 2000; Hulsey e Wainwright, 2001). É desejável uma reavaliação da morfologia do crânio destes taxa, não só para testar e mostrar a filogenia distinta entre eles, mas também porque estes taxa têm sido objeto frequente de numerosos estudos morfológicos, ecológicos e biogeográficos (Rastegar pouyani, 1999a; Rastegar pouyani e Nilson, 2002). Para desenvolver hipóteses fortes de processo evolutivo, é essencial diferenciar morfologias, comportamentos e outras caraterísticas de taxa que são filogeneticamente plesiotípicos.

A literatura sobre a osteologia craniana e a análise dos mecanismos de alimentação noutros Agamídeos (Herrel et al.,1999), Scincídeos (Griffith et al., 2000) e Lacertídeos (Muller, 2002; McBrayer, 2004) são apresentados. O objetivo deste estudo é descrever os principais padrões de diversidade do crânio dos lagartos e também descrever os padrões de convergência ecomorfológica nos lagartos scincídeos do género *Trachylepis*. Cada um destes objectivos está associado a uma questão específica. Relativamente à disparidade: Será que famílias de lagartos (Scincidae) com uma riqueza taxonómica comparável apresentam uma diversidade de formas do crânio comparável? Utilizámos espécies de lagartos como grupos de nível mais baixo no nosso estudo (*Trachylepis vittata* e *Trachylepis aurata* como indicadores dos Scincidae). Assim, as comparações da diversidade morfológica são efectuadas entre duas espécies da família Scincidae.

Teto dérmico do crânio em répteis

Este escudo de membrana óssea cobre completamente o topo e os lados da cabeça e estende-se até às bordas da mandíbula, onde se encontram elementos para as narinas (narinas externas), olhos (órbitas) e um pequeno forame parietal para um terceiro olho mediano. De cada lado, o escudo é primitivamente entalhado atrás da órbita para a abertura do tímpano, que substitui a espiráculo presente nos peixes ósseos. Os elementos que mais geralmente desaparecem são os da região temporal e da margem posterior do crânio - supratemporal, tabular e pós-parietal; nenhum dos três é positivamente identificável em qualquer réptil moderno. O forame parietal tornou-se fora de moda, ao que parece, em muitos répteis; o Sphenodon e alguns lagartos conservam-no, mas desapareceu nas tartarugas, cobras e crocodilos (e está ausente, também, nas aves e mamíferos).

O complexo palatal nos répteis

Os répteis tendem a manter o tipo primitivo de palato de forma mais persistente do que os anfíbios; a construção primitiva desenvolvida nos répteis primitivos ainda é vista pouco alterada no *Sphenodon* e nos lagartos. Um flange lateral proeminente, muitas vezes com dentes, desenvolveu-se no pterigoide nos primeiros répteis e ainda é preservado no *Sphenodon* e nos lagartos. O quadrado tornou-se um elemento relativamente livre e móvel nos lagartos.

A caixa craniana nos répteis

Nos répteis, a caixa craniana tende a permanecer mais bem ossificada do que nos anfíbios. Quase nunca se verifica a tendência para o achatamento observada nos anfíbios; a região occipital permanece bem desenvolvida; existe sempre um forame para o décimo segundo nervo; e o côndilo é uma estrutura convexa, permanece único (exceto na linha que conduz aos mamíferos). As ossificações presentes são geralmente as observadas nos primeiros tetrápodes. A fusão das estruturas palatinas com a caixa craniana resulta numa modificação da forma da caixa craniana, incluindo a perda do processo basipterigóide da base do fenoide, a união da região ótica com o quadrado, etc.; mas geralmente a estrutura básica é facilmente discernível. No entanto, tem havido pouco trabalho quantitativo sobre padrões de diversidade em larga escala no crânio dos lagartos. A falta de uma estrutura quantificada para a forma do crânio dos lagartos tem dificultado a extrapolação de estudos de espécies específicas para os lagartos em geral.

A fenestração temporal tem sido usada há muito tempo para classificar os amniotas (Osborn, 1903). Táxons como Anapsida, Diapsida, Euryapsida e Synapsida foram nomeados de acordo com seu tipo de fenestração temporal. As fenestrações temporais são grandes orifícios na parte lateral do crânio. A função desses orifícios tem sido debatida há muito tempo (Case, 1924), mas não se chegou a um consenso. Muitos acreditam que permitem a expansão e o alongamento dos músculos. O maior volume de músculos resultante resulta numa musculatura maxilar mais forte, e as fibras musculares mais longas permitem um aumento da abertura (Pirlot, 1969).

Deve ser feita uma distinção importante entre o tipo de fenestração encontrado em certos taxa e os taxa que receberam o nome desses tipos de fenestração. Por exemplo, a condição **anapsídea** é caracterizada pela ausência de fenestrações temporais. Como tal, é primitiva para os amniotas porque todos os seus parentes próximos não têm fenestra temporal. **Anapsida** (o táxon) inclui as tartarugas e seus parentes extintos. Embora a maioria dos membros deste táxon (mas não os lantanosuchídeos e alguns mileretídeos) tenha um crânio anapsídeo, alguns parentes extintos dos sáurios (como os captorhinídeos e os "protorothyridídeos") também tinham crânios anapsídeos. A condição **sinapsídea** é caracterizada pela presença de uma única fenestra temporal delimitada minimamente pelo jugal, pós-orbital e escamoso. O quadratojugal e o parietal contribuem ocasionalmente para a borda desta fenestra. Em comparação com os diapsídeos, esta fenestra pode ser chamada de fenestra temporal inferior. Todos os primeiros membros dos **sinapsídeos**, o táxon que inclui os mamíferos e seus parentes extintos, tinham um crânio sinapsídeo, mas a fenestra temporal foi drasticamente modificada nos mamíferos por processos ventrais do frontal e do parietal que ocluem a fenestra temporal. A localização da antiga fenestra ainda é visível entre o arco zigomático, a órbita e a parte dorsal do crânio, mas já não é um buraco no crânio. Alguns taxa não relacionados com os Synapsida também adquiriram uma fenestra temporal inferior. Estes incluem os lantanosuchídeos (Ivakhnenko, 1980) e alguns mileretídeos (membros de anapsida).

A condição **diapsídea** é caracterizada pela presença de duas fenestra temporais, denominadas fenestra temporal inferior e fenestra temporal superior. A fenestra temporal inferior é semelhante à fenestra dos sinapsídeos e é geralmente delimitada pelos mesmos ossos (jugal, pós-orbital, esquamosal e, ocasionalmente, o quadratojugal). A fenestra temporal superior é delimitada pelo pós-orbital, escamoso, parietal e, frequentemente, pelo pós-frontal. Esse tipo de fenestração aparentemente apareceu apenas uma vez, nos **diapsídeos**, mas foi alterado em muitos membros desse táxon (escamados e alguns primeiros arcossauromorfos, por exemplo) pela perda da barra temporal inferior formada pelo jugal e pelo quadratojugal.

O último tipo de fenestração, denominado **euriapsídeo**, tem sido o mais problemático, em parte porque a origem desta condição tem sido debatida há muito tempo. Atualmente, parece que esta condição é uma modificação da condição diapsídea, e que apareceu mais do que uma vez. Os crânios dos euriapsídeos têm apenas uma fenestra temporal superior, geralmente delimitada pelo parietal, pós-frontal, pós-orbital e escamoso. Exemplos de crânios de euriapsídeos incluem Araeoscelis, um araeoscelidiano do Permiano Inferior, placodontes, notossauros e plesiossauros (répteis marinhos do Mesozoico). **Euryapsida** é um táxon que inclui a maioria dos euryapsídeos conhecidos, com exceção de Araeoscelis (Rieppel, 1993). A condição encontrada nos ictiossauros é às vezes distinguida da condição euriapsídea porque sua fenestra temporal é limitada apenas pelo parietal, pós-frontal e supratemporal (Pirlot, 1969). Esta condição tem sido chamada de **parapsídeo**, mas representa apenas uma pequena variação do padrão euriapsídeo.

Materiais e métodos

Neste estudo, a osteologia craniana adulta do pisco-de-peito-ruivo, *Trachylepis vittata* (Olivier, 1804), é descrita em pormenor pela primeira vez com base em elementos esqueléticos limpos e duplicados e comparada com *Trachylepis aurata* (Linnaeus, 1758). Para o efeito, foram examinados os caracteres do crânio e dos elementos mandibulares. A existência de ligeiras diferenças entre as duas espécies estudadas, de acordo com os caracteres ósseos e cranianos, é explicada. O crânio de ambas as espécies, como representantes típicos dos Scincidae, apresenta dentes na pré-maxila, maxila e pterigóides. Os dentes mandibulares estão presentes nos dentários. A descrição é baseada em quatro espécimes fêmeas adultas de *T. vittata* recolhidas em Sarpol-e Zahab township (RUZM SM.12.7, SM.12.14, SM.12.34) e Kermanshah (RUZM-SM.12.04), Província de Kermanshah, Irão (CRC médio = 78,79 mm). Além disso, seis espécimes adultos de *Trachylepis aurata* (RUZM SM12.10 - SM12.15) da província de Kermanshah (infelizmente, perdeu-se a parte pós-craniana do seu corpo). Os espécimes foram preparados e corados de acordo com os métodos padrão de preparação de crânios (Taylor, 1967; Zug e Crombie, 1970). Os crânios preparados foram etiquetados e fotografados ou digitalizados nas vistas lateral, dorsal, ventral e posterior, utilizando uma máquina fotográfica modelo Canon PowerShot SX120IS e um scanner modelo Genius (página a cores hr7x). Em seguida, com o auxílio de uma alça Olympus (Modelo: SzX12), foram examinados os caracteres detalhados de cada crânio. A terminologia anatómica segue Torres-Carvajal (2003), Roscito e Rodrigues (2010), e Rastegar-Pouyani e Afroosheh (2011).

Preparação de crânios

Devido ao facto de a maioria dos crânios ser pequena e não estar tão ossificada como a das aves e dos mamíferos, têm de ser cozidos a baixa temperatura e, em seguida, removemos a carne e o cérebro adicionais com alguns instrumentos, como uma agulha com um pouco de algodão na ponta, uma seringa cheia de água para aspergir água a alta pressão no interior das cavidades cerebrais, pinças e outros instrumentos semelhantes.

5 etapas para o branqueamento de crânios como se segue:

1- Hemorragia com solução de cloreto de sódio a 30 % durante 12 horas.

2- Eliminar a gordura com benzeno durante 12 horas.

3- Descoloração com Hypoclorit %2 durante 6 horas.

4- Branqueamento completo de crânios com peróxido de hidrogénio a 5% durante 6 horas.

5- Desidratação por álcool %96 durante 24 horas.

Resultados

Trachylepis vittata (Olivier, 1804) e *Trachylepis aurata* (Linnaeus, 1758)

Dermatocrânio

Pré-maxila *(pm)*. Estes pequenos elementos formam a margem anteromedial do focinho e a parte dorsoanterior de cada fenestra exonarina. Cada um destes elementos possui um processo nasal estreito orientado posterodorsalmente (espinha pré-maxilar). O conjunto dos espinhos pré-maxilares assemelha-se a uma lâmina em forma de punhal que penetra entre as nasais e forma a margem anteromedial de cada forame nasal (Figs. 4.*1a, c* e 4.*2a, b*). A pré-maxila articula-se com as maxilas anteroposteriormente, com as septomaxilas anterodorsalmente, com as nasais posteriormente (Figs. 4.*1a, c* e 4.*2a, b*) e com o vômer ventralmente (Fig. 4.*1b, d*). A articulação da pré-maxila com a maxila é firme, sutural e em direção posterior. A sutura entre a pré-maxila e a maxila é anterior e sob o forame nasal. Tanto *T. vittata* quanto *T. aurata* possuem o mesmo número de dentes pré-maxilares. Anteroventralmente, a pré-maxila possui nove dentes unicúspides curtos e quase do mesmo tamanho (quatro dentes em cada lado e um no mediano). Os dentes da pré-maxila, assim como os da maxila, são eretos e sem deflexão (Fig. 4.*16, d*).

Septomaxila *(sm)*. As septomaxilas são ossos pequenos e comprimidos dorsoventralmente que se encontram anteriormente dentro das cápsulas nasais (Figs. 4.*1a, c* e 4.2a, *6*). Elas formam o assoalho da porção anteromedial da cavidade nasal e o teto do cavum que contém o órgão vomeronasal. Cada septomaxila entra em contacto com a pré-maxila anteriormente.

Maxilas *(m)*. As maxilas são elementos grandes que ocupam a maior parte da face anterolateral do crânio, entre as órbitas e o focinho (Figs. 4.*1a, c* e 4.2a, *6*). Na face lateral, cada maxila se estende por aproximadamente metade do comprimento do crânio (Fig. 4.2a, *6*). Numa sequência anterior-posterior, a margem de cada maxila articula-se com a pré-maxila e a septomaxila anteriormente, com a nasal anterodorsalmente, com a pré-frontal e a lacrimal dorsomedialmente, e com a jugal posteriormente. Cada uma delas forma os bordos ventral e posterior da fenestra exonaria. Na superfície lateral de cada maxila, 4 - 6 e 5 - 7 forames labiais *(lf)* estão presentes em *T. vittata* e *T. aurata*, respetivamente (Fig. 2a, *6*). Esses forames estão dispostos em uma linha quase reta que é paralela à margem ventrolateral de cada maxila. A extremidade posterior da maxila forma parte do assoalho da órbita. Cada maxila em *T. vittata* possui 20 dentes pleurodontes retos (Figs. 4.*16*, 4.*2a*), enquanto cada maxila em *T. aurata* possui 21 - 26 dentes pleurodontes retos (Figs. *1d*, *26*). Em vista ventral, forma, de anterior para posterior, a borda externa da fenestra vomeronasalis externa *(fv)* e da fenestra exochoanalis *(fe)*, respetivamente (Fig. 4.*16*, *d)*.

Nasais *(n)*. Os nasais articulam-se anteriormente com o processo nasal da pré-maxila e posteriormente sobrepõem-se ao frontal, formando assim a maior parte do teto das cápsulas nasais. Anteriormente, cada nasal forma a borda posterodorsal da fenestra exonarina (Figs. 4.*1a, c* e 4.2a, *b)*. Cada nasal contacta a margem anterior do pré-frontal posterolateralmente e a maxila ventrolateralmente (Fig. 4.2a, *b)*. O assoalho da cavidade nasal é construído pela pré-maxila, maxila e vômer (Fig. 4.1b, *d)*. Dorsalmente, cada nasal em sua margem posterolateral apresenta dois forames *(nf)* (Fig. 4.*1a)*. Tanto o frontal quanto o pré-frontal são separados da borda posterior do forame nasal pela nasal e pela maxila (Figs. 4.*1a, c* e 4.2a, *b)*.

Pré-frontais *(pref)*. Os pré-frontais situam-se nos aspectos anterolaterais da mesa do crânio e formam as bordas anterodorsais das órbitas (Figs. 4.*1a, c* e 4.2a, *b)*. Juntamente com o frontal, os pré-frontais delimitam a borda dorsal das órbitas. Cada pré-frontal articula-se com o frontal dorsalmente, o nasal anterodorsalmente, a maxila ventrolateralmente e o lacrimal posterolateralmente. Em vista lateral (Fig. 4.2a, *b)*, o canto ventroposterior de cada pré-frontal articula-se com o lacrimal. Posteriormente à região de articulação, há um forame lacrimal *(laf)* (Figs. 4.*1a, c* e 4.2a, *b)*.

Lacrimais *(l)*. Os lacrimais são ossos muito pequenos e comprimidos lateralmente, cada um dos quais completa a órbita anterior juntamente com o pré-frontal (Figs. 4.*1a*, *c* e 4.2a, *b*). Cada lacrimal articula-se com a maxila ventrolateralmente e com o pré-frontal anterodorsalmente. O aspeto medial de cada lacrimal é entalhado para formar a parede lateral do forame lacrimal (*laf*). O forame lacrimal é um pequeno forame situado entre o pré-frontal e a maxila na borda anteroventral da fossa orbital.

Frontais *(f)*. Os frontais são elementos longos no teto do crânio que se situam entre as órbitas e formam a maior parte da margem orbital dorsal (Figs. 4.*1a, c* e 4.2a, *b*). Contactam as nasais anteriormente, as pré-frontais anterolateralmente, as pós-frontais posterolateralmente e as parietais posteriormente. As frontais estão separadas das margens anterior e posterior das órbitas pelas pré-frontais e pós-frontais, respetivamente. Cada frontal é mais comprido do que largo e apresenta uma ornamentação que não corresponde ao padrão das escamas intimamente aderidas à sua superfície dorsal, uma vez que a escama frontal cobre apenas uma pequena parte destes ossos dorsalmente. Anteriormente, os frontais são totalmente em forma de coroa devido à presença de três processos anteromediais e dois anterolaterais, que são sobrepostos pelos nasais anteriormente e pelos pré-frontais anterolateralmente (Fig. 4.*1a, c*). O processo mediano anteromedial dos frontais encontra a extremidade posterior da sutura interna.

Parietal *(pa)*. O parietal, como o elemento mais largo do crânio, é um osso em forma de borboleta que forma a maior parte da superfície posterior da mesa do crânio (Fig. 4.*1a, c*) e sua superfície dorsal é coberta principalmente pelas escamas parietal e interparietal. A sua margem anterior estriada articula-se com a margem posterior do frontal e envolve dorsalmente o forame pineal (*pif*) na sua porção anteromedial, na posição da escama interparietal. O forame pineal em *T. vittata* está exatamente na direção da sutura mediana dos frontais, nasais e pré-maxila, respetivamente (Fig. 4.*1a*). O parietal articula-se com os pós-frontais lateralmente. Posteriormente, o corpo do parietal apresenta um par de processos supratemporais longos que se articulam com os elementos supratemporal, esquamosal e otoccipital (Figs. 4.*1a, c* e 4.2c, *d*). Os processos supratemporais orientados ventralmente formam a margem lateral do forame supratemporal *(sf)*, anteriormente. Medialmente, a superfície póstero-ventral do parietal apresenta a fossa parietal, que recebe a extremidade distal do processo cartilaginoso ascendente (pasc) do supraoccipital (Figs. 4.*1a, c* e 4.2c, *d).*

Supratemporais *(sut).* Cada supratemporal é um osso pequeno e delgado que se situa inteiramente na porção póstero-ventral da superfície lateral de cada processo supratemporal do parietal (Figs. 4.1a, c e 4.2). Está em contacto com o processo escamoso e supratemporal do parietal dorsalmente, e com o quadrado e o otoccipital, ventralmente.

Pós-frontais *(posf).* Os pós-frontais são ossos quase grandes, quase em forma de Y, que fazem parte das bordas posterodorsais das órbitas (Figs. 4.*1a, c* e 4.2a, *b).* Cada postfrontal possui dois processos anterolaterais. Os processos anterolaterais dorsal e ventral de cada pós-frontal articulam-se com a margem posterolateral de cada frontal e com a extremidade posterior de cada jugal, respetivamente (Fig. 4.*2a, b).* Cada pós-frontal articula-se com o pós-orbital anterolateralmente, com o parietal dorsolateralmente e com o escamoso posterolateralmente. A margem posterior do pós-frontal forma a margem anterior da fossa supratemporal *(sf).*

Pós-orbitais *(porb).* Estes pequenos ossos situam-se na face póstero-lateral do crânio, posteriormente às órbitas e abaixo dos pós-frontais (Fig. 4.2a, *b).* Eles servem como uma ligação entre o jugal e o escamoso. Cada pós-orbital contacta o jugal anteroventralmente, o pós-frontal dorsalmente e o escamoso posteroventralmente (Figs. 4.1a, c e 4.2a, *b).* Eles contactam os epipterigóides ventralmente em *T. vittata* (Fig. 4.*2a).* Em *T. aurata,* em vez dos postorbitais, os escamosais articulam-se com os epipterigóides ventralmente (Fig. 4.*2b).*

Escamosos *(sq).* Os escamosos são ossos longos, delgados e côncavos que formam as bordas póstero-laterais das fossas supratemporais (Figs. 4.*1a, c* e 4.*2a, b).* No sentido anterior para posterior, cada escamoso contacta dorsalmente com o processo pós-orbital, pós-frontal, supratemporal do parietal e supratemporal, respetivamente. Ventralmente, o escamoso articula-se com o côndilo cefálico do quadrado e um pouco com o *otoccipital (otoc)* através do seu processo paraoccipital *(parp)* (Fig. 4.2c, *d).*

Jugais *(j).* Os jugais são elementos alongados e formam as bordas posteriores das órbitas (Fig. 4.*2a, b).* Cada jugal articula-se anteriormente com a maxila, posteriormente com o pós-orbital e posterodorsalmente com o pós-frontal. Em *T. vittata* também contactam os ectopterigóides anteroventralmente (Fig. 4.*2a*).

Vómeros (*v*). Os vómeros podem ser vistos em vista ventral (Fig. 4.*1b, d*). São os elementos mais anteriores do palato e formam a borda interna de cada fenestra vomeronasalis externa *(fv)* e de cada fenestra exochoanalis *(fe),* respetivamente. Cada vômer contacta a pré-maxila anterolateralmente, a maxila lateralmente e a margem anterior de cada palatino posteriormente. Posteromedialmente existe um sulco entre os vômeres com cerca de metade do seu comprimento. Em *T. aurata* este sulco mediano se estende até a extremidade posterior do vômer (Fig. 4.*1d*). Existem também três sulcos mais pequenos na parte anterior do vómer: um sulco mediano e dois sulcos laterais. A extremidade posterior dos vômeres em *T. aurata* é mais pontiaguda do que em *T. vittata* (Fig. 4.*1b, d*).

Palatinos *(pl).* Os palatinos são separados posteromedialmente pelo espaço piriforme anterior *(pys)* em cerca de um quarto do seu comprimento (Fig. 4.*16, d*). Cada palatino contacta o vômer e a maxila anteriormente, e o pterigoide posteriormente. Anteriormente, cada palatino forma a borda posterior de cada fenestra exochoanalis. Em vista ventral, cada palatino forma a margem lateral interna da fenestra orbital inferior *(iof)*.

Pterigóides *(pt).* Os pterigóides são os elementos maiores e mais posteriores do palato. Cada pterigoide tem dois elementos separados (Fig. 4.*16, d*). De anterior para posterior, esses elementos são separados pelo espaço piriforme e pelos processos basipterigóides *(bap)* dos parabasisfenoides *(pbas)*. Formam o bordo posterior de cada fenestra orbital inferior e, juntamente com os processos basipterigóides dos parabasisfenoides, os bordos laterais do espaço piriforme. Cada pterigoide tem a forma de um "y" (especialmente em *T. aurata*) e possui três processos: o processo palatino entra em contacto com o palatino anteriormente, o processo ectopterigóide entra em contacto com o ectopterigóide lateralmente e o processo quadrado posterior, longo e comprimido lateralmente, entra em contacto com o quadrado, que constitui metade do comprimento do osso. A parte inferior do processo ectopterigóide de cada pterigoide em *T. aurata* é estendida e forma a borda lateral interna de cada fossa orbital (Fig. 4.1 *d*). Cada processo palatino forma a porção posterior do céu da boca e, dorsalmente, é sobreposto pelo processo pterigoide de cada palatino. Na porção anterior de cada pterigoide existem vários dentes numa única fila reta perto do espaço piriforme mediano.

Ectopterigóides *(ecp)*. Os ectopterigóides formam as bordas póstero-laterais da fenestra orbital inferior (Fig. 4.*1b*, *d*). Cada ectopterigóide é um osso retangular que se articula com a maxila e o jugal anteriormente, e com o pterigoide posteriormente. No crânio de *T. aurata,* articula-se com o pterigoide posteroventralmente (Fig. 4.1 *d*).

Splanchnocranium

Quadrados *(q)*. Os quadrados estão situados nos cantos póstero-laterais do crânio, articulam-se com a mandíbula inferior e suportam-na (Figs. 4.1 - 4.2). O quadrado possui dois côndilos: o côndilo cefálico dorsal e o côndilo transverso ventral. A crista situa-se entre estes dois côndilos. Dorsalmente, o côndilo cefálico contacta com o processo supratemporal do parietal, o processo supratemporal do esquamosal e o processo paraoccipital do otoccipital (Fig. 4.2). O côndilo transverso de cada quadrado articula-se com o processo quadrado posterior do pterigoide e do estribo (Figs. 4.*16*, *d* e 4.2).

Epipterigóides *(epp)*. Os epipterigóides são colunas longas e estreitas que podem ser vistas em vista lateral (Fig. 4.*2a*, *6*). São inclinados póstero-dorsalmente e contactam com a margem do proótico. A extremidade dorsal de cada epipterigóide é coberta por cartilagem parcialmente ossificada e a extremidade ventral insere-se na fossa columelar do processo quadrado do pterigoide correspondente.

Estribo *(s)*. O estribo é um osso muito delgado e cilíndrico (Figs. 4.*16*, d e 4.2c, *d*), com base circular semelhante a uma cavilha. Cada estribo situa-se anteroventralmente ao processo paraoccipital do otoccipital e estende-se posterolateralmente dentro da região do quadrado.

Mandibular

Dentário *(d)*. O dentário é o maior dos ossos mandibulares e o único que possui dentes

(Fig. 4.3). Tem mais da metade do comprimento do maxilar inferior lateralmente e possui 23 - 26 dentes pleurodontes em *T. vittata* e 26 - 29 dentes pleurodontes em *T. aurata,* respetivamente. Em vista mediana, os dentes de substituição (*rt*) podem ser vistos claramente (Fig. *4.36, d).* O dentário investe a metade anterior da cartilagem de Meckel; entretanto, a extremidade anterior da cartilagem sai do dentário anterolingualmente através da extremidade anterior do canal de Meckel, que fica ventral aos dentes anteriores (Fig. 4.3). Em aspeto lingual, o dentário articula-se com o esplénio e o coronoide posteriormente e, em vista lateral, articula-se com o coronoide posterodorsalmente, com o supra-angular posteromedialmente e com o angular posteroventralmente. Lateralmente, a metade anterior do dentário apresenta 5 - 7 forames mentais *(menf)* em *T. vittata* e 5 - 6 forames mentais em *T. aurata,* que se encontram numa série longitudinal a meio caminho entre as margens ventral e dorsal (Fig. 4.*3a, c).* No aspeto lingual, ventral aos oitavo e nono dentes mais posteriores, o dentário e o esplênio se encontram (Fig. 4.3&, *d)* para formar o forame alveolar inferior anterior (*aiaf*).

Coronoide *(cor).* O coronoide é o elemento mais alto da mandíbula e situa-se imediatamente atrás da fileira de dentes da mandíbula (Fig. 4.3&, *d).* Em vista lateral, cada coronoide é um osso triangular situado entre o dentário e o supra-angular (Fig. 4.*3a, c*). Na face lingual, possui três processos: o processo posterior articula-se com o supra-angular e o pré-articular, o processo anterior articula-se com o dentário anteriormente, esplenial ventralmente, pré-articular e supra-angular posteriormente, e o processo dorsal que se articula com o dentário anteriormente. Anteriormente, a base do processo dorsal é separada da fileira de dentes por tecido conjuntivo. Na face lateral da mandíbula *de T. vittata,* o coronoide articula-se com o dentário anteroventralmente, e supra-angular posteroventralmente (Fig. 4.*3a*). Em aspeto lateral, o coronoide de *T. aurata* articula-se com o dentário anteriormente e supra-angular ventralmente (Fig. 4.*3c*). A base da bifurcação lingual do coronoide é côncava dorsalmente e articula-se com a extremidade anterior do supra-angular.

Angular *(an).* Este elemento mandibular é visível em ambas as vistas lateral e lingual como um elemento bifurcado (Fig. 4.3). Em vista lingual, pode ser visto como um osso bastante pequeno que se articula com o esplénio anteriormente, e com o pré-articular dorsal e posteriormente. Em vista lateral (Fig. 4.*3a, c*), o angular compreende aproximadamente um quinto do comprimento da mandíbula, situa-se ao longo da superfície ventral de cada ramo e articula-se com o dentário anteriormente, com o supra-angular dorsalmente e com o pré-articular posteroventralmente. Anteroventralmente, cada angular é perfurado por um pequeno forame, denominado forame milo-hióideo posterior *(pmyf)*, na sua extremidade anterior, próximo ao nível da articulação com o dentário (Fig. 4.*3a, c)*.

Supra-angular *(sa)*. O supra-angular ocupa a metade posterior da mandíbula e forma a porção dorsolateral do maxilar inferior entre o coronoide e o articular lingualmente, e o coronoide e o pré-articular lateralmente (Fig. 4.3). No aspeto lateral, o supra-angular tem cerca de um terço do comprimento da mandíbula. Em *T. vittata,* articula-se com o coronoide anterodorsalmente, com o dentário anteroventralmente, com o angular ventralmente e com o pré-articular posteriormente (Fig. 4.*3a*). Em *T. aurata,* articula-se com o coronoide anterodorsalmente, dentário anteroventralmente, angular ventralmente e prearticular posteroventralmente (Fig. 4.*3c*). Em aspeto lateral, o pré-articular em *T. aurata,* ao contrário de *T. vittata,* estendeu seus processos anterodorsalmente até supra-angular (Fig. 4.*3a, c*). Nesta vista, possui dois forames: o maior é o forame supra-angular ântero-lateral *(alsf),* próximo ao coronoide e o menor, o forame supra-angular póstero-lateral *(plsf),* está próximo à extremidade posterior. Lingualmente, a porção anterior do supra-angular é sobreposta pelo coronoide; como conseqüência, uma porção média do supra-angular é exposta entre os processos linguais do coronoide (Fig. 4.*36, d)*. A margem ventral da metade anterior e a porção inferior da margem posterior do supra-angular estão fundidas com o pré-articular. A articulação entre o supra-angular e o pré-articular se dá principalmente ao longo da parede lateral da fossa adutora *(afs),* que é delimitada por esses dois ossos (Fig. 4.*36, d)*. No aspeto lingual, na porção póstero-mediana, próximo ao articular, o supra-angular apresenta um forame, aqui denominado forame supra-angular *(saf)* (Figs. 4.*36, d* e 4.*66*).

Pré-articular *(prar)*. O pré-articular forma a metade posterior de cada mandíbula e situa-se principalmente no aspeto lingual da mandíbula (Fig. 4.*36, d*). Em vista lingual, o pré-articular articula-se com o angular anteroventralmente, com o processo lingual anterior do coronoide e esplenial anteriormente, com o processo lingual posterior do coronoide anterolateralmente e com o supra-angular dorsalmente. Posteriormente ao supra-angular, o aspeto dorsal do pré-articular está fundido com o articular sobrejacente. No lado interno e lateral de sua extremidade proximal, a crista lateral apresenta o forame da corda do tímpano *(FTC)* (Fig. 4.*36, d*). A margem dorsal do restante do pré-articular articula-se com a borda póstero-ventral do supra-angular e forma a parede ventral da fossa adutora *(cfs)*. Posteriormente, a sua extremidade proximal suporta o processo retroarticular *(rp)*. Em vista lateral, o pré-articular contacta o angular e o supra-angular anteriormente (Fig. 4.*3c, c*).

Esplenial *(spl)*. O esplenial é um elemento triangular bastante grande que só pode ser visto em vista lingual da mandíbula e forma a porção mediana do maxilar inferior (Fig. 4.*36, d*). Articula-se com o dentário anterodorsalmente, com o processo lingual anterior do coronoide dorsalmente, com o pré-articular posterodorsalmente e com o angular posteriormente. A extremidade anterior do esplênio forma as bordas póstero-ventrais do forame alveolar inferior anterior *(cicf)*. Esta porção também apresenta o forame milo-hióideo anterior *(cmyf)*, que está localizado posterior (em *T. curctc;* Fig. 4.*3d*) ou póstero-ventralmente ao forame alveolar inferior anterior (em *T. vittctc;* Fig. 4.*36*), quase no mesmo nível horizontal.

Neurocrânio

Basioccipital *(boc)*. Em vista ventral, o basioccipital forma o assoalho posterior da caixa craniana (Fig. 4.*16, d*). O basioccipital situa-se entre as cápsulas óticas e forma a porção ventral do côndilo occipital *(oc)* (Fig. 4.2c, *d*). Anteriormente, articula-se amplamente com o parabasisfenoide (Fig. *16, d*). Em vista posterior (Fig. *2c, d*), articula-se lateralmente com o otoccipital. Em vista ventral, o basioccipital apresenta, de cada lado, um processo ventrolateral curto, o tubérculo esfeno-occipital *(sot)* (Fig. 4.*16, d*).

Parabasisfenoide *(pbas)*. O parabasisfenoide forma o assoalho anterior da caixa craniana (Fig. 4.*16*, *d)*. Tem quatro processos: um processo cultiforme *(cup)* que é um processo longo que se estende até ao espaço piriforme, dois processos anterolaterais que contactam com o processo quadrado do pterigoide, o processo basipterigóide *(bap)*, e o processo posteromedial, um processo curto, que contacta com a margem anterior do basioccipital (Fig. 4.*1b*, *d)*.

Otoccipitais *(otoc)*. Os otoccipitais formam as paredes póstero-laterais da caixa craniana e encontram-se com os proóticos anterolateralmente, com o supraoccipital dorsomedialmente e com o basioccipital ventromedialmente (Fig. 4.2c, *d)*. Eles formam as margens laterais do forame magno (fm) e as porções laterais do côndilo occipital. Cada otoccipital possui um processo paraoccipital anterolateral *(parp)*. Os processos paraoccipitais estendem-se anterolateralmente e têm extremidades distais expandidas que são comprimidas lateralmente. A extremidade distal de cada processo paraoccipital é sobreposta pela extremidade posterior do escamoso dorsalmente, a extremidade posterior do supratemporal e o processo supratemporal do parietal dorsolateralmente. O quadrado também participa nesta zona de contacto (Fig. 4.2c, *d)*.

Proóticos (*po*). Os proóticos são elementos comprimidos que formam as paredes posterolaterais da caixa craniana (Figs. 4.*1b*, *d* e 4.2). Cada proótico articula-se com o supraoccipital posterodorsalmente, com o otoccipital e com o basioccipital posteriormente. Em vista ventral (Fig. 4.*1b*, *d)*, contacta com o parabasisfenoide. A articulação com o parietal é dorsal. A sua articulação com o otoccipital e o basioccipital é firme e algo indistinguível.

Supraoccipital (*soc*). O supraoccipital orientado anterodorsalmente é um osso em forma de sela que forma o teto posterior da caixa craniana (Fig. 4.2c, *d)*. Articula-se com a região posterior do parietal anterodorsalmente, com o proótico anteroventralmente e com o otoccipital posterolateralmente. Sua margem posterior forma a borda dorsal do forame magno. A porção mediana da margem anterodorsal do supraoccipital está separada do parietal por um espaço de tecido conjuntivo que contacta com o parietal. Na porção mediana desse espaço, o supraoccipital apresenta um processo, o processus ascendens *(pasc)*. Em ambos os lados do processus ascendens, o supraoccipital tem duas depressões. As paredes da fossa pós-temporal *(ptf)* são formadas pelo processo supratemporal do parietal, pelo otoccipital e pelo supraoccipital.

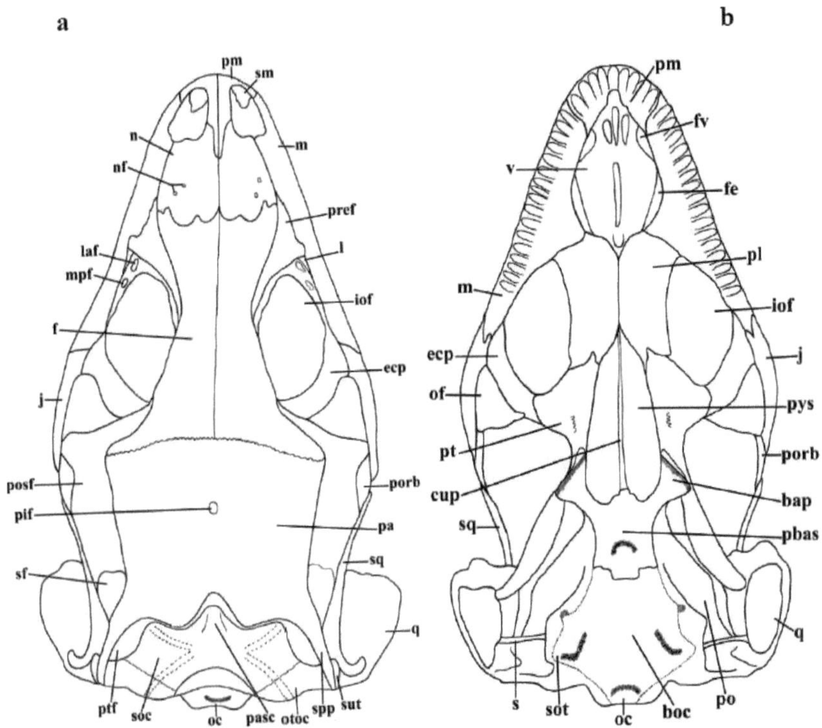

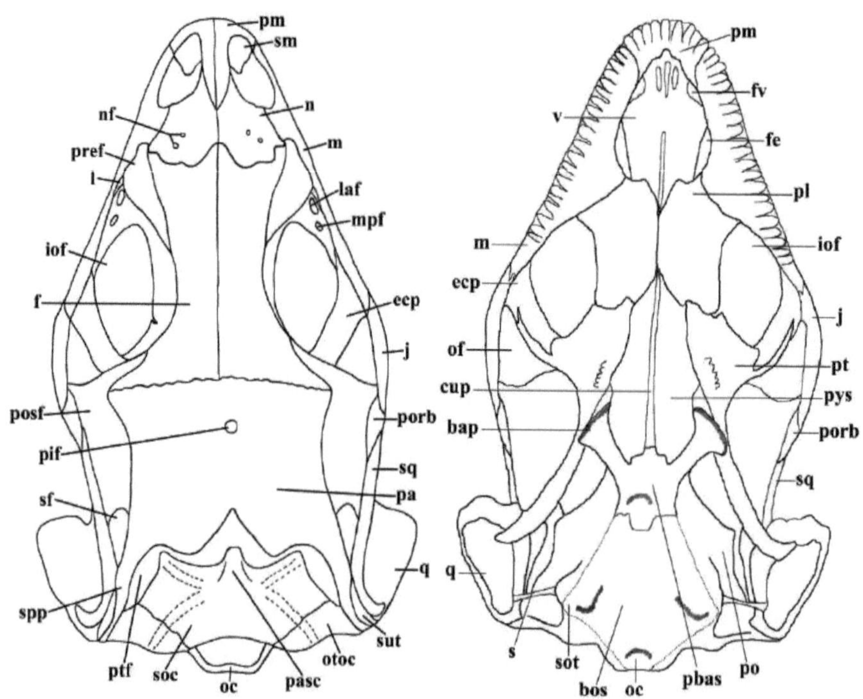

Figura 4.1. Vistas dorsal (*a*) e ventral *(b)* do crânio dos adultos *Trachylepis vittata* e *T. aurata* (*c, d*): *bap,* processo basipterygoid; *boc,* basioccipital; *cup,* processo cultriforme; *ecp,* ectopterygoid; *f,* frontal; *fe,* fenestra exochoanalis; *fex,* fenestra exonarina; *fv,* fenestra vomeronasalis externa; iof, fenestra orbital inferior; *j,* jugal; *l,* lacrimal; *laf,* forame lacrimal; *m,* maxila; *mpf,* forame maxiloplatino; *n,* nasal; *nf,* forame nasal; *oc,* côndilo occipital; *of,* fossa orbital; *otoc,* otoccipital; *pa,* parietal; *pasc,* processus ascendens; *pbas,* parabasisfenoide; *pif,* forame pineal; *pl* , palatino; *pm,* pré-maxila; *pms,* espinha pré-maxilar; *po,* proótico; *porb,* pós-orbital; *posf,* pós-frontal; *pref,* pré-frontal; *pt,* pterigoide; *ptf,* fossa pós-temporal; *pys,* espaço piriforme; *q,* quadrado; *s,* estribo; *sf,* fossa supratemporal; *sm,* septomaxila; *soc,* supraoccipital; *sot,* tubérculo esfeno-occipital; *spp,* processo supratemporal do parietal; *sq,* escamoso; *sut,* supratemporal; *v,* vômer.

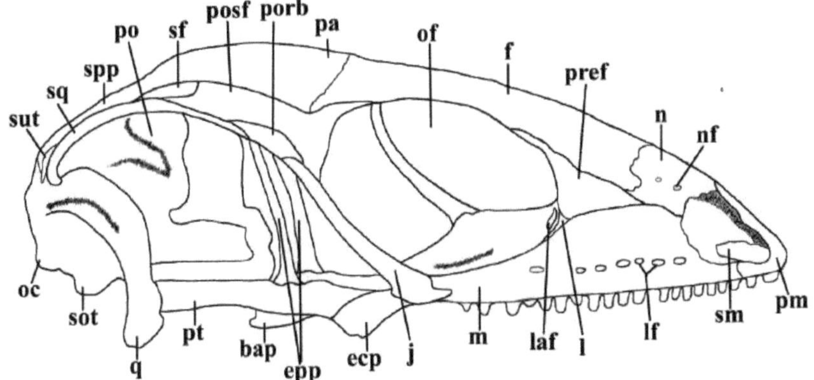

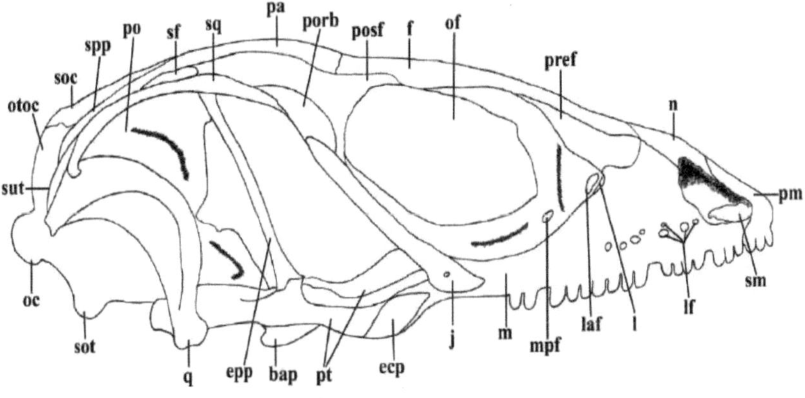

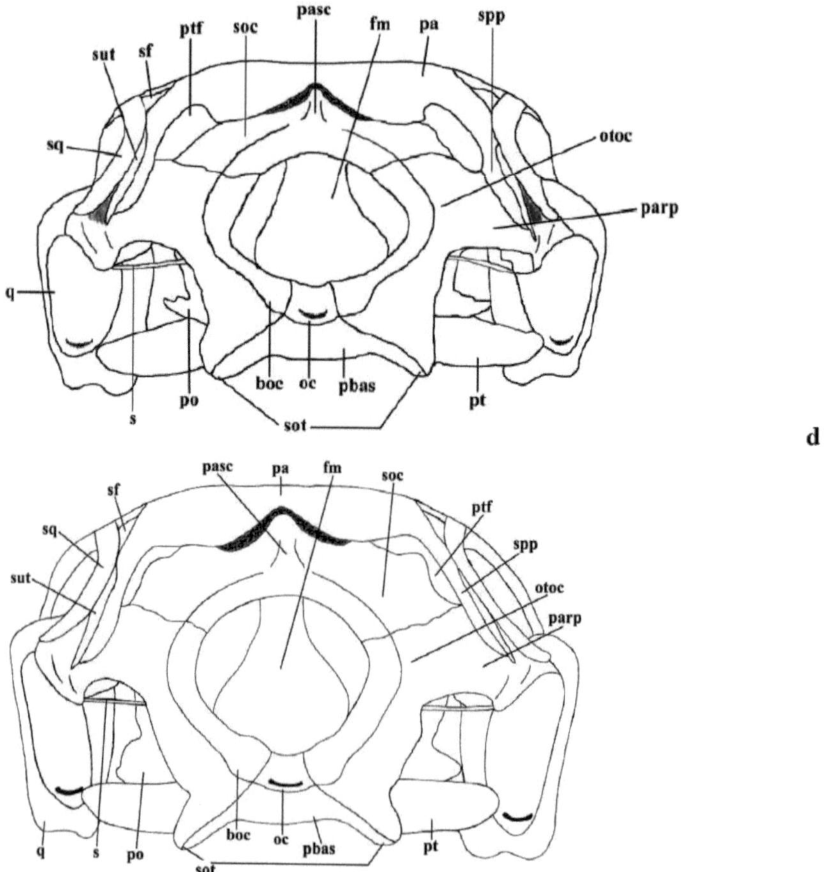

Figura 4.2. Vistas lateral *(a)* e posterior *(c)* do crânio nos adultos *Trachylepis vittata* e *T. aurata (b, d)*: *bap,* processo basipterigóide; *boc,* basioccipital; *ecp,* ectopterigóide; *epp,* epipterigóide; *f,* frontal; *fex,* fenestra exonarina; *fm,* forame magno; *j,* jugal; *l,* lacrimal; *laf,* forame lacrimal; *f,* forames labiais; *m,* maxila; *mpf,* forame maxiloplatino; *n,* nasal; *nf,* forame nasal; *oc,* côndilo occipital; *of,* fossa orbital; *otoc,* otoccipital; *pa,* parietal; *parp,* processo paraoccipital; *pasc,* processus ascendens; *pbas,* parabasisphenoid; *pm,* premaxilla; *po,* prootic; *porb,* postorbital; *posf,* postfrontal; *pref,* prefrontal; *pt,* pterygoid; *ptf,* post temporal fossa; *q,* quadrate; *s,* estribo; *sf,* fossa supratemporal; *sm,* septomaxila; *soc,* supraoccipital; *sot,* tubérculo esfenoccipital; *spp,* processo supratemporal do parietal; *sq,* escamoso; *sut,* supratemporal.

a

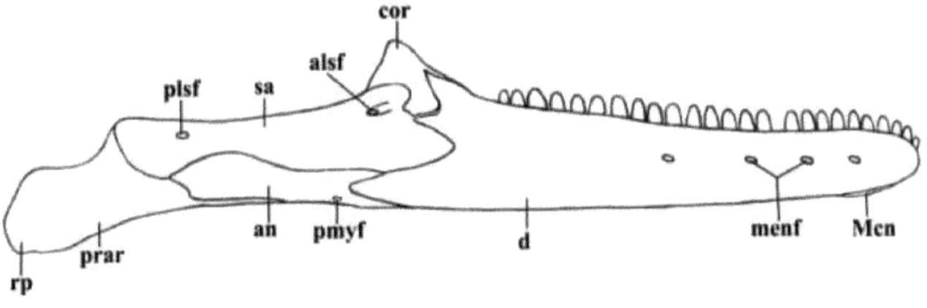

b

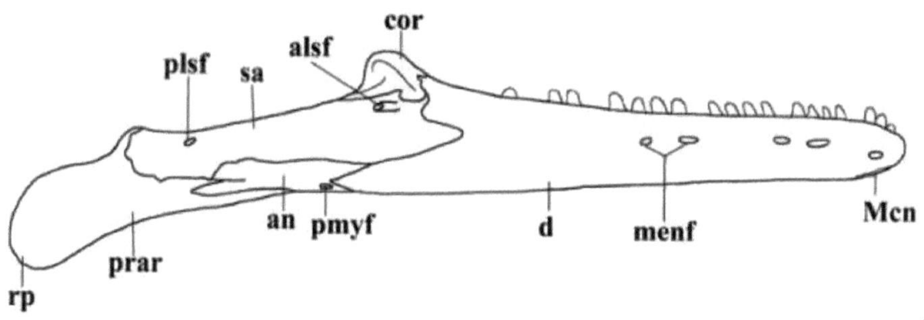

c

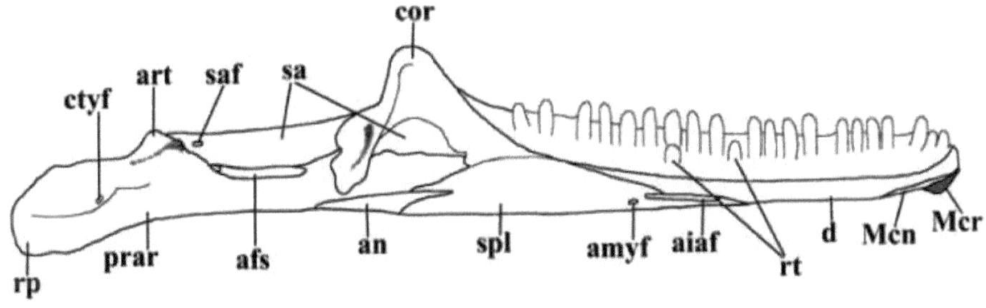

d

Figura 4.3. Vistas lateral *(a)* e medial *(b)* da mandíbula nos adultos de *Trachylepis vittata* e *T. aurata* *(c, d): afs,* fossa adutora; *aiaf,* forame alveolar inferior anterior; *alsf,* forame supra-angular anterolateral; *amyf,* forame milo-hióideo anterior; *an,* angular; *art,* articular; cor, coronoide; *ctyf,* forame corda do tímpano; *d*, dentário; *Mcn,* canal de Meckel; *Mcr*, cartilagem de Meckel; *menf,* forame mental; *plsf,* forame supra-angular póstero-lateral; *pmyf,* forame milo-hióideo posterior; *prar,* pré-articular; *rp*, processo retroarticular; *rt*, dentes de substituição; *spl*, esplenial; *sa*, supra-angular; *saf,* forame supra-angular.

Comparação

Existem várias diferenças ligeiras entre os crânios dos dois taxa acima mencionados. Estas diferenças subtis são discerníveis em alguns elementos, incluindo: A pré-maxila, maxilas, nasais, pré-frontais, lacrimais, frontais, parietais, pós-frontais, palatinas, pterigóides, dentárias, coronóides e pré-articulares. As diferenças distinguíveis entre os crânios dos dois taxa estudados são detalhadas a seguir: Os processos nasais (espinhos pré-maxilares) da pré-maxila em *T. aurata* estendem-se mais uniformemente até o ápice do que em *T. vittata* (Figs. *4.1a, c* e *4.4a*). *Trachylepis vittata* possui 20 dentes do pleurodonte maxilar, enquanto *T. aurata* possui 21 - 26 dentes do pleurodonte maxilar (Fig. 4.1 *b, d*). A superfície lateral de cada maxila em *T. vittata* possui 4 - 6 forames labiais, enquanto 5 - 7 forames labiais estão presentes na face lateral da maxila em *T. aurata* (Fig. *4.6a, b*). Na área de contacto das nasais com as frontais, os processos posteriores das nasais são mais penetrados nas frontais em *T.vittata* do que em *T. aurata* (Fig. *4.1a, c*). Anterodorsalmente, as pré-frontais em *T. vittata* são mais alongadas e mais articuladas com as nasais do que em *T. aurata* (Figs. *4.1a, c, 4.2a, b,* e *4.4b*). Outra diferença marcante entre essas duas espécies é a presença de lacrimais muito pequenos e finos em *T. aurata* enquanto que em *T. vittata* os lacrimais são mais largos e mais permeados à maxila e participam mais da formação da porção anterior das órbitas do que em *T. aurata* (Figs. *4.2a, b* e *4.4c*). O padrão de articulação entre os processos nasais dos frontais e dos nasais varia entre esses dois táxons, pois o processo mediano anteromedial do frontal em *T. aurata* é mais proeminente que o de *T. vittata* e os frontais são mais influenciados pelos processos frontais dos nasais em *T. vittata* do que em *T. aurata*. Além disso, o grau de serrilhado na margem posterior das frontais em *T. vittata* é ligeiramente maior do que em *T. aurata* (Fig. *4.1a, c*). A curvatura de cada processo supratemporal do parietal na região da fossa pós-temporal em *T. aurata* é maior do que em *T. vittata*, assim como a ponta mais afiada do *processus ascendens* cartilaginoso do supraoccipital em *T. aurata* do que em *T. vittata* (Figs. 4.*2c, d* e 4.*5a*). Outras diferenças entre esses dois táxons podem ser observadas nas pós-frontais. Na porção anterodorsal do pós-frontal, o anjo formado pelo frontal e o parietal tem uma curvatura maior em *T. aurata* do que em *T. vittata*. Além disso, há um arco maior e mais profundo formado pela articulação do parietal com o pós-frontal em *T. aurata* (Fig. 4.*5b*). Anteriormente, cada palatino em *T. aurata*, ao contrário de *T. vittata*, é ligeiramente entalhado, e possui um pequeno processo orientado para o vômer (Figs. 4.*1b, d* e 4.*5c*). Nestes táxons, cada pterigoide é em forma de Y, especialmente em *T. aurata,* pois um ramo da parte inferior do processo ectopterigóide de cada pterigoide em *T. aurata* é estendido e forma a borda lateral interna de cada fossa orbital (Fig. 4.*1d*). Ambas as espécies possuem dentes pterigóides que são diferentes em número. Eles são mais distintos em *T. aurata* do que em *T. vittata* (Fig. 4.1 *b, d).* Outras diferenças entre as mandíbulas desses dois táxons são as seguintes: *Trachylepis vittata* tem 23 - 26 dentes pleurodontes, enquanto *T. aurata* tem 26 - 29 dentes pleurodontes. Além disso, a infiltração do processo coronoide do dentário para o coronoide em *T. vittata* é maior do que a de *T. aurata*. Além disso, o coronoide é menor do ponto de vista dorsolateral em *T. vittata* do que em *T. aurata* (Figs. 4.*3a, c* e 4.*6a*). A porção do pré-articular na sua extremidade proximal em *T. vittata* é alongada, enquanto que em *T. aurata* é mais larga do que em *T. vittata* (Fig. 4.*6b*). A inclinação entre o articular e o pré-articular em *T. vittata* é maior do que em *T. aurata*, pois o ângulo entre esses elementos em *T. aurata* é maior do que em *T. vittata.*

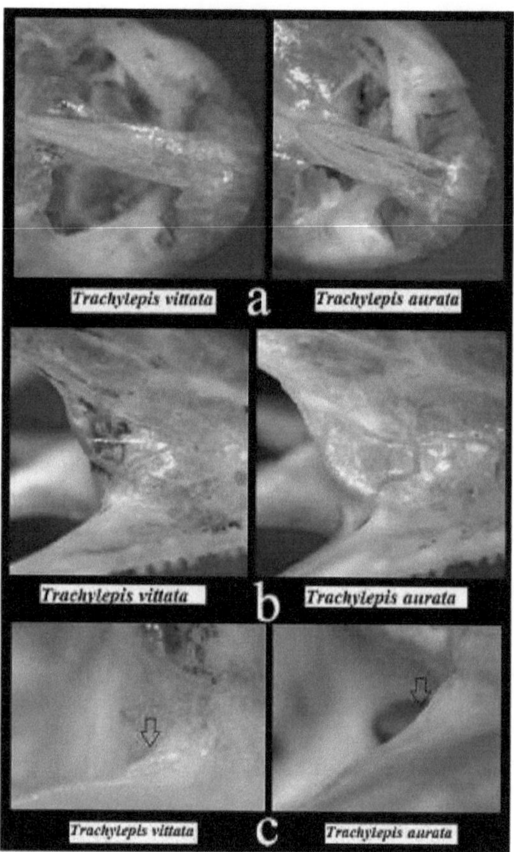

Figura 4.4. Comparação da pré-maxila (*a*), pré-frontal *(b)* e lacrimal *(c)* entre *T. vittata* e *T. aurata:* *l,* lacrimal; *pm,* pré-maxila; *pref,* pré-frontal.

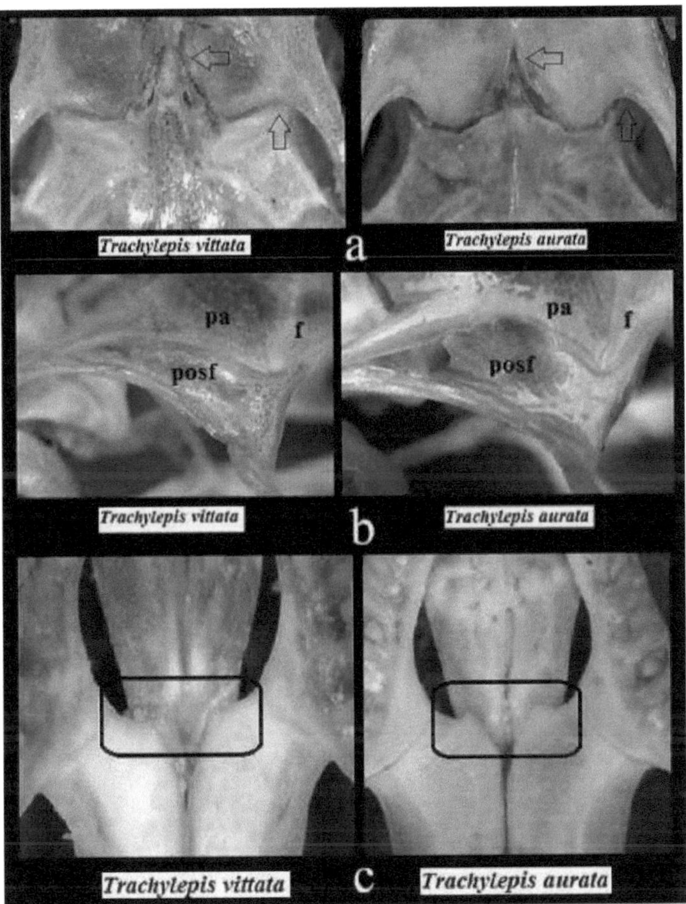

Figura 4.5. Comparação da articulação do parietal com o processus ascendens cartilaginoso do supraoccipital *(a)*, pós-frontal *(b)*, e conexão dos palatinos com os vômeros (*c*) entre *T. vittata* e *T. aurata: f,* frontal; *pa,* parietal; *pasc,* processus ascendens cartilaginoso do supraoccipital; *pl,* palatino; *posf,* pós-frontal; *v,* vômer.

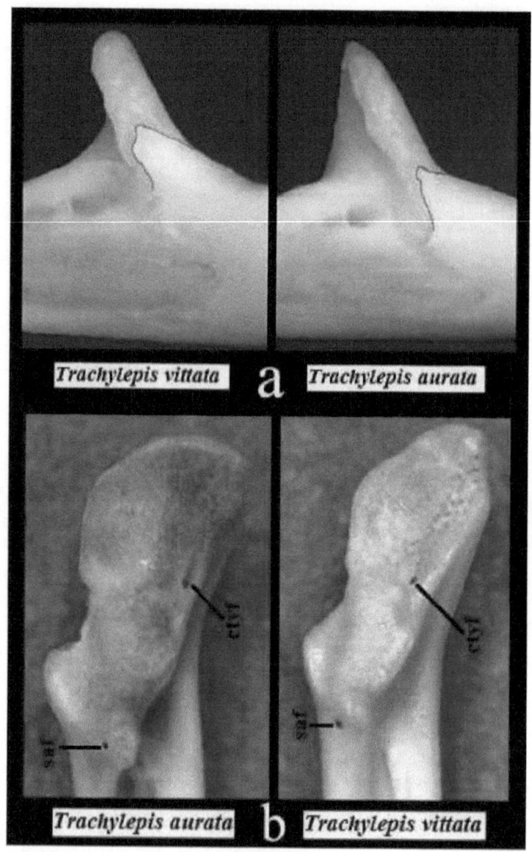

Figura 4.6. Comparação da articulação do dentário com o coronoide *(a)*, e extremidade proximal da mandíbula *(b)* entre *T. vittata* e *T. aurata: ctyf,* forame corda do tímpano; *saf,* forame supraangular.

Discussão

Os caracteres do crânio determinam principalmente o tipo de alimentação, a quantidade de cinese e a rota evolutiva dos taxa (Rastegar-Pouyani e Afroosheh, 2011). Entre os lagartos, são reconhecidos dois modos de forrageamento bem divulgados: sentar e esperar (SW) ou forrageamento de emboscada e forrageamento ativo (forrageamento amplo, WF), uma vez que estes modos de forrageamento foram originalmente definidos com base em comportamentos utilizados para localizar e capturar presas (Vitt e Caldwell, 2009). De um modo geral, o crânio de *T. vittata* (WF) e de *T. aurata* (WF) pode ser considerado como o representante dos escleroglossanos. Os iguanianos e os escleroglossanos, os dois principais clados de répteis escamados, diferem drasticamente na estrutura e função da mandíbula, no uso da língua, nos sistemas sensoriais e nos comportamentos de forrageamento. Ao contrário dos iguanianos, que mantêm os traços ancestrais, incluindo a preensão da língua e a caça por emboscada, os escleroglossanos passaram da preensão da língua para a preensão da mandíbula (Vitt e Caldwell, 2009). De um modo geral, o crânio de *T. vittata* é ligeiramente mais fino e mais pequeno do que o de *T. aurata*. As diferenças subtis entre os crânios destas espécies estão provavelmente relacionadas com os diferentes aspectos da sua ecologia e biologia; por exemplo, os habitats escolhidos, os hábitos alimentares, a geração da força de mordida e os comportamentos de luta e defesa. Com base nos resultados do presente estudo, foram observadas ligeiras diferenças no número total de dentes (9 dentes pré-maxilares, 20 dentes em cada maxila e 23 - 26 dentes em cada dentário para *T. vittata* contra 9 dentes pré-maxilares, 21 - 26 dentes em cada maxila e 26 - 29 dentes em cada dentário para *T. aurata)* em indivíduos adultos das duas espécies acima mencionadas. Faizi e Rastegar-Pouyani (2007) registaram 9 - 10 dentes pré-maxilares pequenos e unicúspides, 23 - 25 dentes pleurodontes em cada dentário, ausência de dentes palatinos mas presença de cerca de 3 pequenos dentículos cónicos e também dentes pterigóides para *T. aurata* de diferentes localidades nas Montanhas Zagros, no oeste do Irão. Caputo (2004) registou as diferenças consideráveis no número total de dentes, nos espécimes adultos de 18 espécies de *Chalcides* (Scincidae), variando de 54 em *C. mionecton* a 89 em *C. pseudostriatus*.

De acordo com Kingman (1932), no seu estudo comparativo do crânio do género *Eumeces* (Scincidae), os elementos esquerdo e direito do pré-maxilar não são iguais em tamanho, pois o direito é ligeiramente maior, tendo quatro dentes, enquanto que no lado esquerdo apenas três estão presentes (uma exceção 3 - 3). Ele observou que os dentes pterigóides e os dentes maxilares são bastante variáveis. Provavelmente, o número diferente de dentes no maxilar e nos elementos dentários da nossa espécie de estudo é indicativo da utilização de diferentes itens alimentares. Em geral, os lagartos de grande porte tendem a ter dietas diferentes das espécies de pequeno porte, sendo a herbivoria um correlato comum do grande tamanho corporal (Shea, 2006) e, portanto, é de esperar que ambas as espécies acima mencionadas com tamanho corporal médio apresentem alguma tendência para a carnivoria. A dentição pleurodonte presente nestes lagartos foi provavelmente interpretada como uma adaptação para se alimentarem quase exclusivamente de insectos. No entanto, as ligeiras diferenças na sua dentição, morfologia craniana e, consequentemente, na sua morfologia trófica sugerem que podem existir diferenças entre *T. vittata* e *T. aurata* na manipulação das presas e na dieta. De acordo com Mayr e Ashlock (1991), um género é uma unidade filogenética no sentido em que inclui espécies que partilham um antepassado comum e, frequentemente, é também uma entidade ecológica que consiste em espécies que se adaptaram a um estilo de vida específico. Não existem caraterísticas taxonómicas distintas do crânio que permitam a identificação destas duas espécies ao nível do género; em vez disso, a identificação de um taxon de alto nível baseia-se na presença de um complexo de caracteres relacionados. Deste ponto de vista, as duas espécies acima mencionadas representam claramente uma unidade ecológica e partilham uma série de caracteres morfo-anatómicos que reflectem a adaptação aos seus estilos de vida específicos. A morfologia pormenorizada do osteocrânio de *T. vittata* e a sua comparação com *T. aurata* foram apresentadas neste estudo. Embora os resultados aqui apresentados contribuam para o nosso conhecimento da morfologia craniana dos lagartos, ainda nos falta informação para compreender melhor os padrões de diversidade morfológica do crânio dos lagartos. Mesmo a informação geral de todas as famílias de sáurios existentes não está disponível; isto indica claramente que é necessária investigação básica sobre a osteologia dos lagartos. Um objetivo adicional deste estudo foi identificar novos caracteres osteológicos cranianos que poderiam ser usados para futuras análises filogenéticas de *Trachylepis*. A utilidade destes caracteres só se tornará evidente quando a osteologia craniana de outras espécies de *Trachylepis* (e de outros lagartos escincídeos) tiver sido investigada e os caracteres examinados num contexto filogenético.

Referências

Adams, D. C, Rohlf, F. J. (2000): Deslocação de caracteres ecológicos em Plethodon: diferenças biomecânicas encontradas a partir de um estudo morfométrico geométrico. Proc Natl Acad Sci U. S. A, 97:4106-4111.

Afsar, M., Tok, C. V. (2011): A Herpetofauna das Montanhas do Sultão (Afyon-Konya-Isparta)-Turquia. Turk. J. Zoology, 35:491-501.

Aghili, H., Rastegar-Pouyani, N., Rajabizadeh, M., Kami, H. G., Kiabi, B. H. (2010): Sexual dimorphism in *Laudakia erythrogastra* (Sauria: Agamidae) from Khorasan Razavi Province, Northeastern Iran. Russ J Herpetol, 17: 51-58.

Alijani, B. (1995): *Climatologia do Irão (Geografia)*. Publicação de Payame Noor, Teerão, Irão. (Em persa)

Anderson, R. A., Vitt, L. J. (1990): Seleção sexual versus causas alternativas de dimorfismo sexual em lagartos teiídeos. Oecologia, 84:145-157.

Anderson, S. C. (1999): The Lizards of Iran. Society for the Study of Amphibians and Reptiles, Ithaca, NY, 415 pp.

Andersson, L. G. (1900): Catalogue of Linnean type-specimens of Linnaeus's Reptilia in the Royal Museum in Stockholm. Bihang Till K. Svenska Vet.- Akad. Handlingar. 26: 3-29.

Andersson, M. (1994): Sexual Selection. Princeton, NJ, EUA: Princeton University Press.

Baran, I. (1977): Türkiye'de Scincidae familyasi türlerinin taksonomisi [Taxonomia das espécies de *Scincidae* na Turquia]. Doga Bilim Dergisi, Ankara, 1:217-223.

Baran, I., Atatür, M. K. (1998): *Turkish Herpetofauna (Amphibians and Reptiles)*, Ministério do Ambiente, Ankara.

Bauer, A. M. (1992): Echsen. *Em* "Reptilien & Amphibien" (H. G. Cogger e R. G. Zweifel, Eds.), pp. 126-174, Jahr-Verlag, Hamburgo.

Bauer, A. M. (2003): On the identity of *Lacerta punctata* Linnaeus 1758, the type species of the genus *Euprepis* Wagler 1830, and the generic assignment of Afro-Malagasy skinks, J. Afr. Zool, 52, 1-7.

Becker, B. M., Paulissen, M. A. (2012): Dimorfismo sexual no tamanho da cabeça no Little Brown Skink *(Scincella lateralis)*. Herp Con Bio, 7: 109-114.

Bell, C. J., Evans, S. E., Maisano, J. A. (2003): The skull of the Gymnophthalmid lizard *Neusticurus ecpleopus* (Reptilia: Squamata). Zool J Linn Soc-Lond, 139: 283-304.

Bird, C. G. (1936): The distribution of reptiles and amphibians in Asiatic Turkey with notes on a collection from the Vilayets of Adana, Gaziantep and Malatya. Ann Mag Hist London, 10 (18): 257-281.

Blackburn, D. G., Vitt, L. J. (1992): Reproduction in viviparous South American lizards of the genus *Mabuya*. *Em* "Reproductive Biology of South American Vertebrates" (W. C. Hamlett, Ed.), pp. 150-164, Springer Verlag, Nova Iorque.

Böhme, W., Mateo Miras, J. A., Joger, U. J. A., Slimani, T., El Hassan El Mouden Geniez, P., Hraoui-Bloquet, S., Said Nouira, M., Baha El Din, S., Lymberakis, P., Kaska, Y., Kumluta^, Y., Kaya, U., Avcy, A., Üzüm, N., Yeniyurt, C., e Akarsu, F. (2009): *"Trachylepis vittata"*, em: IUCN 2011. Lista Vermelha de Espécies Ameaçadas da IUCN. Versão 2011.2. http:__www.iucnredlist.org. Descarregado em 28 de janeiro de 2012.

Borjian, H. (2014): "KERMANSHAH i. Geography," *Encyclopedia Iranica,* edição online, 2014, disponível em http://www.iranicaonline.org/articles/kermanshah- 01-geography (acedido em 19 de agosto de 2014).

Broadley, D.G. (2000): A review of the genus *Mabuya* in Southeastern Africa (Sauria: Scincidae). Afr. J. Herpetol, (49): 87-110.

Brooks, G. R. (1963): Population ecology of the ground skink, *Lygosoma laterale* (Say). Doutoramento, Universidade da Florida, Gainesville, FL, EUA.

Brygoo, E. (1981): Syste'matique des Le'zards Scincide's de la re'gion malgache. VIII. Les *Mabuya* des Eles de l'oce'an Indien occidental: Comores, Europa, Se'chelles. Bull. Mus. Nat. Hist. Nat., Paris, 3: 911-930.

Brygoo, É. R. (1985): Les types de Scincidés (Reptiles, Sauriens) du Muséum national d'Histoire naturelle Catalogue critique. Bull. Mus. natn. Hist. nat (ser. 4) **7**, A (3): 1-126.

Budak, A. (1973): Türkiye'de *Mabuya vittata* (Scincidae, Lacertilia)'nin bireysel ve cografik variasyonu üzerinde çaliçmalar. Ege Üniv. Fen Fak. Ilmi Rap. Ser., 162:1-25.

Butler, M. A., Losos, J. B. (2001): Multivariate sexual dimorphism, sexual selection, and adaptation in Greater Antillean *Anolis* lizards. Ecol Monogr, 72: 541-559.

Caputo, V. (2004): A osteologia craniana e a dentição nos lagartos scincídeos do género *Chalcides* (Reptilia, Scincidae), Ital. J. Zool, 2: 35-45.

Case, E. C. (1924): A possible explanation of fenestration in the primitive reptilian skull, with notes on the temporal region of the genus *Dimetrodon*. Contribuições do Museu de Geologia, Universidade de Michigan, 2: 1-12.

Clark, R. J., Clark, E. D. (1973): Report on a collection of amphibians and reptiles from Turkey, Occas. Papers Calif. Acad. Sci, No. 104.

Cooper, W. E., Vitt, L. J. (1989): Sexual dimorphism of head and body size in an iguanid lizard: paradoxical results. Am Nat, 133: 729-735.

Cooper, W., Habegger, J., Espinoza, R. (2001): Respostas a presas e produtos químicos de plantas por três lagartos iguanianos: relações com plantas na dieta. Amphibia-Reptilia, 22: 349-61.

Cox, R. M., Skelly, S. L., John-Alder, H. B. (2003): A comparative test of adaptive hypotheses for sexual size dimorphism in lizards. Evolution, 57: 1653-1669.

Danesh, M., Bahrami, H. A., Alavipanah, S. K e Noroozi, A. A. (2010): A Synchronous Investigation of Soil Geometric Mean Particle Diameter and Lime, Using Remote Sensing Technology (Case Study: Pol-e-Dokhtar, the Southwest of Lorestan Province, Iran), J. Agr. Sci. Tech, 12: 479-494.

Darwin, C. R. (1871): The Descent of Man, and Selection in Relation to Sex. London: John Murray.

Dunn, E. R. (1935): Notes on American *Mabuyas*. Proc. Acad. Nat. Sci. Philadelphia,

87: 533-557.

Ehlers, E. (1992): Clima, In Ehsan Yarshater (ed.). Encyclopaedia Iranica, vol. 5, fasc. 7. Mazda, Costa Mesa, Califórnia. pp: 707-713.

Estes, R., de Quieroz, K., Gauthier J. (1988): Phylogenetic relationships within Squamata. In: Estes R, Pregill G, editores. Phylogenetic relationships of the lizard families. Ensaios comemorativos de Charles L. Camp. Palo Alto, CA: Stanford University Press. p: 119-281.

Etheridge, R., de Quieroz K. (1988): A phylogeny of Iguanidae. In: Estes R, Pregill G, editores. Phylogenetic relationships of the lizard families. Ensaios comemorativos de Charles L. Camp. Palo Alto CA: Stanford University Press. p 283-367.

Fairbairn, D. J., Blanckenhorn, W. U., Szekely, T. (2007): Sex, Size, and Gender Roles: Evolutionary Studies of Sexual Size Dimorphism. Oxford, Reino Unido: Oxford University Press.

Faizi, H., Rastegar-Pouyani, N. (2007): Further studies on the lizard cranial osteology, based on a comparative study of the skull in *Trachylepis aurata transcaucasica* and *Laudakia nupta* (Squamata: Sauria), Russ. J. Herpetol, 14 (2): 107-116.

Faizi, H., Rastegar-Pouyani, N., Rajabizadeh, M e Heydari, N. (2010): Sexual dimorphism in *Trachylepis aurata transcaucasica* Chernov, 1926 (Reptilia: Scincidae) in the Zagros Mountains, western Iran, Iranian Journal of Animal Biosystematics (IJAB), 6 (1): 25-35.

Fathinia, B., Rastegar-Pouyani, N. (2011): Dimorfismo sexual em *Trapelus ruderatus ruderatus* (Sauria: Agamidae) com notas sobre a história natural. Amphib Reptile Conserv, 5: 15-22.

Greer, A. E. (1970): The relationships of the skinks referred to the genus *Dasia*. Breviora, 348: 1-30.

Greer, A. E. (1977): The systematics and evolutionary relationships of the scincid lizard genus Lygosoma. J Nat Hist, 11: 515-540.

Greer, A. E., Broadley, D. G. (2000): Six characters of systematic importance in the scincid lizard genus *Mabuya*. Hamadryad, 25: 1-12.

Griffith, H., Ngo, A e Robert W. Murphy. (2000): A Cladistic evaluation of the cosmopolitant genus *Eumeces* Wiegmann (Reptilia, Squamata, Scincidae), Russ. J. Herpetol, 7 (1): 1-16.

Hebrard, J. J., Madsen, T. (1984): Partição de habitat intersexual na estação seca por camaleões de pescoço em aba *(Chamaeleo dilepis)* no Quénia. Biotropica, 16: 69-72.

Heideman, N. J. L., Daniels, S. R., Mashinini, P. L., Mokone, M. E., Thibedi, M. L., Hendricks, M. G. J., Wilson, B. A., Douglas, R. M. (2008): Sexual dimorphism in the African legless skink subfamily Acontiinae (Reptilia: Scincidae). Afr Zool, 43: 192-201.

Herrel, A., McBrayer, L. D., Larson, P. M. (2006): Base funcional para diferenças sexuais na força de mordida no lagarto *Anolis carolinensis*. Biol J Linn Soc, 91: 111-119.

Herrel, A., Peter, A., Jeannine, F., e Frits, D. (1999): Morfologia do sistema de alimentação em lagartos Agamid: Ecological Correlates. The Anatomical record, 254: 496-507.

Hews, D. K. (1990): Examinando hipóteses geradas por medidas de campo de seleção sexual em lagartos machos, *Uta palmer*. Evol, 44: 1956-1966.

Hickman, JR, C. P., Roberts, L. S e Larson, A. (2001): Integrated Principles Of Zoology. Décima primeira edição, publicada por McGraw-Hill, uma marca da The McGraw-Hill Companies, Inc., 1221 Avenue of the Americas, Nova Iorque, NY 10020.

Honda, M., Ota, H., Kobayashi, M., Nabhitabhata, J., Yong, H e Hikida, T. (2000): Phylogenetic relationships, character evolution, and biogeography of the subfamily Lygosominae (Reptilia: Scincidae) inferred from mitochondrial DNA sequences. Mol. Phylogenet. Evol, 15: 452-461.

Honda, M., Ota, H., Kobayashi, M., Nabhitabhata, J., Yong, H. S., e Hikida, T. (1999): Evolution of Asian and African Lygosomine Skinks of the Mabuya Group (Reptilia: Scincidae), Zoological Society of Japan, 16: 979-984.

Horton, D. R. (1973): Evolução no género *Mabuya* (Lacertilia, Scincidae). Tese de doutoramento não publicada. Armidale, Universidade de New England, Austrália.

Hulsey, C. D., Wainwright, P.C. (2001): Projectando a mecânica no morfoespaço: disparidade no sistema de alimentação dos peixes labrídeos. Proc R Soc Lond B, 269: 317326.

Hutchinson, M. N. (1993): Família Scincidae. *Em* "Fauna of Australia, Vol. 2A: Amphibia, Reptilia, Aves" (G. J. B. Ross, Ed.), pp. 1-45, Australian Biological and Environmental Survey, Camberra.

Ivakhnenko, M. F. (1980): Lanthanosuchids from the Permian of the East European platform. Paleontol J, 1980: 80-90.

Johnson, R. M. (1953): Uma contribuição sobre a história de vida do lagarto *Scincella laterale* (Say). Tulane Stud Zool, 1: 11-27.

Kassler, P. (1973): A evolução estrutural e geomórfica do Golfo Pérsico, pp 11- 33. Em B. H. Pyrser (Ed.). The Persian Gulf. Berlin.

Köhler, J., Glaw, F., e Vences, M. (1998): First record of *Mabuya comorensis* (Reptilia: Scincidae) for Madagascar, with notes on the herpetofauna of Nosy Tanikely. Boll. Mus. Reg. Sci. Nat. Torino, 15: 75-82.

Kumluta§, Y., Öz, M., Durmu§, H., Tung, M. R., Özdemir, A., Dü§en, S. (2004): On some lizard species of the western Taurus range. Turk. J. Zoology, 28: 225236.

Leal, M., Knox, A. K., Losos, J. B. (2002): Falta de convergência em lagartos Anolis aquáticos. Evol, 56: 785-791.

Lister, B. C. (1970): A natureza da expansão do nicho nos lagartos *Anolis* das Índias Ocidentais I: Ecological consequences of reduced competition. Evol, 30: 659-676.

Ljubisavljevic, K., Polovic, L., Ivanovic, A. (2008): Sexual differences in size and shape of the Mosor rock lizard *[Dinarolacerta Mosorensis* (Kolombatovic, 1886)]* (Squamata: Lacertidae): a case study of the Lovcen mountain population (Montenegro). Arch Biol Sci Belgrade, 60: 279-288.

Losos, J. B. (1990): A phylogenetic analysis of character displacement in Caribbean

Anolis lizards, Evolution, 44: 558-569.

Mausfeld & Schmitz. (2003): Filogeografia molecular, variação intra-específica e especiação do género de lagarto scincid asiático Eutropis Fitzinger, 1843 (Squamata: Reptilia: SCINCID AE): implicações taxonómicas e biogeográficas. Org. Divers. Evol, 3: 161-171.

Mausfeld, P., Schmitz, A., Böhme, W., Misof, B., Vrcibradic, D & Rocha, C. F. D. (2002): Afinidades filogenéticas de *Mabuya atlantica* Schmidt, 1945, endêmica do arquipélago atlântico de Fernando de Noronha (Brasil): necessidade de divisão do gênero Mabuya Fitzinger, 1826 (Scincidae: Lygosominae). Zool. Anz, 241: 281-293.

Mausfeld, P., Vences, M., Schmitz, A & Veith, M. (2000): First data on the molecular phylogeography of scincid lizards of the genus Mabuya. Mol. Phyl. Evol, 17: 11-14.

Mayr, E. (1963): Animal Species and Evolution, Belknap Press: Cambridge, Massachusetts.

Mayr, E. Ashlock, P. D. (1991): Principles of Systematic Zoology, McGraw-Hill, Nova Iorque.

McBrayer, Lance, D. (2004): The relationship between skull morphology, biting performance and foraging mode in Kalahari lacertid lizards. Zool J Linn Soc- Lond, 140: 403-416.

Mertens, R. (1952): Amphibien und Reptilien aus der Türkei.- Istanbul Üniv Fen Fak Mecm Ser. B, 17: 41-75.

Mohammadi, J., Khayambashi, E. (2014): Análise de padrões temporais-espaciais de crimes de tráfico e abuso de drogas na parte central da cidade de Kermanshah, International Journal of Basic Sciences & Applied Research, 3: 65-71.

Monteiro, L. R., Abe, A. S. (1999): Determinantes funcionais e históricos da forma da escápula de mamíferos xenartros: evolução de uma estrutura morfológica complexa. J Morphol, 241: 251-263.

Moody, S. (1980): Phylogenetic and historical biogeographical relations of the genera in the family Agamidae (Reptilia: Lacertilia). Tese de doutoramento não publicada,

Universidade de Michigan, Ann Arbor, MI.

Mouton, P. F. N., Van Wyk, J. H. (1993): Sexual dimorphism in cordylid lizards: a case study of the Drakensberg crag lizard, *Pseudocordylus melanotus*. Can J Zool, 71: 1715-1723.

Mozaffarian, F., Sarafrazi, A., Nouri Ganbalani, G., Ariana, A. (2007): Morphological variation among Iranian populations of the Carob Moth, *Ectomyelois ceratoniae* (Zeller, 1839) (Lepidoptera: Pyralidae), Zool Middle East, 4: 81-91.

Muller, J. (2002): Skull osteology of Parvilacerta parva, a small-sized lacertid lizard from Asia Minor. Wiley-Liss, Inc.

Nussbaum, R. A., Raxworthy, C. J. (1998): New long-tailed *Mabuya* Fitzinger from Lokobe Reserve, Nosy Be, Madagascar. Copeia, 1998: 114-119.

Osborn, H. F. (1903): On the primary divison of the Reptilia into two sub-class, Synapsida and Diapsida. Science, 17: 275-276.

Özdemir, A., Durmuç, S. H., Kete, R., Yilmaz, I. (2001): Hatayve Gaziantep *Mabuya vittata* Olivier 1804 (Lacertilia: Scincidae) Örnekleri Üzerinde Bir Araçtirma [A research on *Mabuya vittata* Olivier 184 (Lacertilia: Scincidae) specimens from Hatay and Gaziantep]. Anadolu Üniversitesi Bilimve Teknoloji Dergisi, 2:271-275.

Pinto, A. C. S., Wiederhecker, H. C., Colli, G. R. (2005): Dimorfismo sexual no lagarto neotropical, *Tropidurus torquatus* (Squamata, Tropiduridae). Amphibia- Reptilia, 26: 127-137.

Pirlot, P. (1969): Morphologie évolutive des chordés. Montréal: Les Presses de l'Université de Montréal.

Powell, G. L., Russell, A. P. (1984): The diet of the eastern short-horned lizard (*Phrynosoma douglassi brevirostre*) in Alberta and its relationship to sexual size dimorphism. Can J Zoolog, 62: 428-440.

Rastegar-Pouyani, N e Nilson, G. (2002): Taxonomia e biogeografia das espécies iranianas de *Laudakia* (Sauria: Agamidae). Zool Médio Oriente, (26): 93122.

Rastegar-Pouyani, N. (1999a): Systematics and Biogeography of Iranian Plateau

Agamids (Sauria: Agamidae). Tese de doutoramento. Tese de Doutoramento. Universidade de Gotemburgo, Gotemburgo, Suécia.

Rastegar-Pouyani, N. (2006): Variação geográfica intra e interespecífica nos lagartos Scincid iranianos do género *Trachylepis* Fitzinger 1843 (Sauria: Scincidae). Iranian Journal of Animal Biosystematics (IJAB), 2: 1-11.

Rastegar-Pouyani, N. e Afroosheh, M. (2011): Estudos comparativos sobre lagartos com base na osteologia craniana de *Lacerta media* e *Laudakia caucasia* (Squamata: Sauria), Russ. J. Herpetol, 18 (1): 17-28.

Ribeiro, L. B., Kolodiuk, M. F., Freire, E. M. X. (2010): Manchas coloridas ventrais em *Tropidurus semitaeniatus* (Squamata, Tropiduridae): dimorfismo sexual e associação com o ciclo reprodutivo. J Herpetol, 44: 177-182.

Rieppel, O. (1993): Euryapsid relationships: Uma análise preliminar. Neuen Jahrbuch für Geologie und Paläontologie. Abhandlungen 188: 241- 264.

Roscito, J. G e Rodrigues, M. T. (2010): Osteologia craniana comparativa de lagartos fossoriais da tribo Gymnophthalmini (Squamata, Gymnophthalmidae), J. Morphol, 271: 1352-1365.

Schmidtler, J. J e Schmidtler, J. F. (1972): Zwerggeckos aus dem Zagros-Gebirge (Irão), Salamandra, 8: 59-66.

Schoener, T. W, Slade, JB., Stinson, C. H. (1982): Dieta e dimorfismo sexual no género de lagarto muito católico, *Leiocephalus* das Bahamas. Oecologia, 53: 160169.

Schoener, T. W. (1967): O significado ecológico do dimorfismo sexual em tamanho no lagarto *Anolis conspersus*. Science, 155: 474-476.

Schoener, T. W. (1968): The *Anolis* lizards of Bimini: resource partitioning in a complex fauna. Ecology, 49: 704-726.

Schoener, T. W., Gorman, G. C. (1968): Some niche differences in three Lesser Antillean lizards of the genus *Anolis*. Ecology, 49: 819-830.

Schwartzkopf, L. (2005): Dimorfismo sexual na forma do corpo sem dimorfismo sexual no tamanho do corpo em skinks de água (*Eulamprus quoyii*). Herpetologica, 61:

116-123.

Schwenk, K. (2000): A alimentação nos Lepidosauros. In: Schwenk K, editor. Feeding. São Francisco: Academic Press. p 175-291. Sokal RR, Rohlf FJ. 1995. Biometry, 3rd ed. New York: W.H. Freeman.

Selander, R. K. (1966): Dimorfismo sexual e utilização diferencial de nicho em aves. Condor, 68: 113-151.

Sharifinia, N., Rafinejad, J., Hanafi-Bojd, A. A., Chinikar, S., Piazak, N., Baniardalani, M., Biglarian, A., Sharifinia, F. (2015): Carraças duras (Ixodidae) e vírus da febre hemorrágica da Crimeia-Congo no sudoeste do Irão, Ata Medica Iranica, 53(3): 177-181.

Shea, G. M. (2006): Diet of two species of bluetongue skink, *Tiliqua multifasciata* and *Tiliqua occipitalis* (Squamata: Scincidae), Aust. Zool, 33 (3): 359-368.

Shine, R. (1991): Divergência alimentar intersexual e a evolução do dimorfismo sexual em cobras. Am Nat, 138: 103-122.

Smith, M. A. (1935): The fauna of British India, including Ceylon and Burma. Reptilia e Amphibia. Vol. 2. Sauria. 440 pp., Taylor & Smith, Londres.

Stayton, Tristan, C. (2005): Evolução Morfológica do Crânio de Lagarto: A Geometric Morphometrics Survey. J Morphol, 263: 47-59.

Taylor, W. R. (1967): An enzyme method of clearing and staining small vertebrates, Proc. U.S. Nat. Mus, 122: 1-17.

Telmadarraiy, Z., Vatandoost, H., Mohammadi, S., Akhavan, A., Abai, M., Rafinejad, J., Kia, E., Faghih Naini, F., Jedari, M., Aboulhasani, M. (2007): Determinação da fauna de ectoparasitas de roedores no distrito de Sarpole-Zahab, província de Kermanshah, Irão, 2004-2005, Iranian J Arthropod-Borne Dis, 1(1): 58-62.

Torres-Carvajal, O. (2003): Osteologia craniana do lagarto andino *Stenocercus guentheri* (Squamata: Tropiduridae) e seu desenvolvimento pós-embrionário, J. Morphol, 255: 94-113.

Travassos, H. (1945): Uma nota sobre o genótipo de *Mabuya* Fitzinger, 1826 para a

Comissão Internacional de Nomenclatura Zoológica. Bull. Mus. Nac. Zool. 37: 4-7.

Uetz, P. (2013): The Reptile Database. Disponível em http://www.reptile-database.org Último acesso em 10 de abril de 2013.

Van Der Winden, J., Strijbosch, H e Bogaerts, S. (1995): Distribuição de padrões disruptivos relacionados com o habitat no lagarto polimórfico *Mabuya vittata,* Ata Oecol, 16: 423-430.

Vanhooydonck, B e Van, Damme, R. (1999): Relações evolutivas entre a forma do corpo e o uso do habitat em lagartos lacertídeos. Evol. Ecol. Res, 1: 785-805.

Verrastro, L. (2004): Dimorfismo sexual em *Liolaemus occipitalis* (Iguania, Tropiduridae). Iheringia Ser Zool Porto Alegre, 94: 45-48.

Vitt, L. J e Caldwell, J. P. (2009): Herpetology: An Introductory Biology of Amphibians and Reptiles. 3ª Edição, Acad. Press.

Vitt, L. J., Zani, P. A., Caldwell, J. P. (1996): Ecologia comportamental de *Tropidurus hispidus* em afloramentos rochosos isolados na Amazônia. J Trop Ecol, 12: 81-101.

Werner, F. (1898): Über einige neuen Reptilian und einige neuen Frousch aus dem cilicischen Taurus. Zoologischer Anzeiger, 21: 217-223.

Werner, F. (1902): Die Reptilien- und Amphibien fauna von Kleinasien - Sitzungsberichte der Kaiserlichen Academie der Wissenschaften in Wien, mathematische und naturwissenschaftliche Classe (Abt. I), 111:1057-1121.

Xu, D. D., Ji, X. (2006): Sexual dimorphism, female reproduction and egg incubation in the oriental leaf-toed gecko (*Hemidactylus bowringii*) from southern China. Zoologia, 110: 20-27.

Zug, G. R e Crombie, R. I. (1970): Modificações do método Taylor de clareamento e coloração para anfíbios e répteis, Herpetol. Rev, 2: 49-50.

Zug, G. R., Vitt, L. J e Caldwell J. P. (2001): Herpetology (an introductory biology of Amphibians and Reptiles), Segunda edição, Academic press. 630 pp.

More
Books!

info@omniscriptum.com
www.omniscriptum.com
OMNIScriptum

Printed by Books on Demand GmbH, Norderstedt / Germany